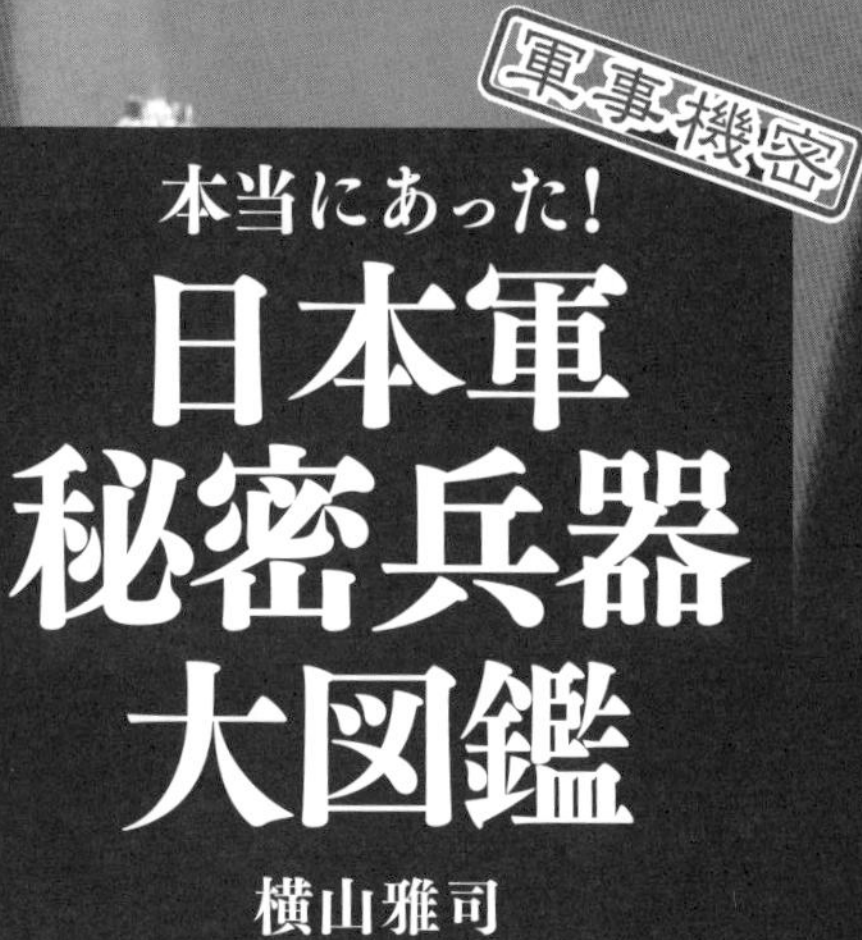

彩図社

はじめに

古代日本においては兵士とは兵役が課せられる民衆であった。それから何世代か後の時代では、戦闘を職業とする集団が治安維持などを担っていた。これを侍という。やがて力をつけた侍は地域を支配する武装勢力となり、戦国時代を経て江戸時代には徳川幕府による完全な軍事政権となる。もっとも、本格的な戦がない時代が長く続いたため、侍といえども多くが専門職の公務員となり、ほとんど武術の心得のないものもいたという。

そのような軍事的には「ゆるい」時代を終わらせたのは外国による圧力であった。当時重要な資源であった鯨油確保のため、アメリカが捕鯨船の補給基地として日本の開国を要求、また、かつて大国だった清国は力が弱まり、列強にいいように食い物にされていた。

危機感を募らせた日本国内では地方の大名による反乱と政権奪取、いわゆる「明治維新」が勃発、明治新政府が誕生する。新政府の緊急の課題は、とにかく外国からの干渉をはねつけるための、強い軍隊の創設であった。残念なことではあるが、鉄砲を持った相手に対しては、やはり鉄砲を持って交渉に臨まなければ対等な話し合いはしてくれないのである。だが、３００年近く本格的な戦争をしていない日本は軍事技術で完全に欧米に遅れており、外国から次々に講師を招いて技術の習得に努め、また外国製の兵器を次々に買い求めた。

歩兵銃はもちろん、戦艦、戦車、潜水艦、飛行機に至るまで、最初期の日本軍が装備した兵器はいずれもイギリスやフランスなど欧米のものであった。

当時、科学技術は飛躍的な発展を見せており、それは兵器の性能の向上に直結していた。エンジン一つ取っても、どの部品にどのような性質の金属を使うか、どのような性質のオイルなら焼きつかないか、どのように冷却するか、考えることは山ほどあるし、形だけコピーしても使用する鉄の合金の成分が間違っていれば、動かしただけで割れるエンジンや撃ったら破裂する機関銃になってしまう。

欧米に対してスタートで出遅れていた日本は、技術で追いつこうと必死に努力した。当時の世界情勢に鑑みれば、軍事力のあるなしに国家の存亡がかかっていたのである。そうして第二次世界大戦の頃には、工業的に量産できるかは置いておくとしても、少なくとも設計においては世界レベルの兵器を作れるようになっていた。有名な零戦や、その原型に当たる九六式艦上戦闘機も登場した時点では世界の傑作機に肩を並べる機体であったし、日本初の量産戦車である八九式中戦車も同時期に登場した諸外国の戦車と比べれば同等の性能があった。

そして、軍からの無理難題や資源の少なさ、強力な敵兵器の出現、生産力の限界など、いろいろな問題が押し寄せてくる中で、それでもいい兵器を作ろうと奮闘した結果、数々の珍奇な、または斬新な兵器が誕生していく。

そのすべてが成功したわけではないが、不真面目に作られたものは一つもない。本書ではそんな日本軍の兵器開発の奮闘の歴史の中で生まれた、数々の秘密兵器を紹介している。高性能なものもあれば的外れだったものもあるし、とうとう欧米の技術に追いつけなかったものもある。また、日本軍の特殊兵器に迫る以上、非人道的な特攻兵器にも触れざるを得ないだろう。

兵器をよく見てみれば、良くも悪くも日本という国を煮詰めたような存在である日本軍という組織の姿が、そこから浮かび上がってくるのである。

『本当にあった！　日本軍秘密兵器大図鑑』目次

第二章　常識を超えた発想「日本軍の奇想兵器」……65

第三章　限られた資源を工夫で補填「日本軍の特殊兵器」……127

第四章　戦争が生んだ「日本軍 悲劇の兵器」

第一章

世界を驚かせた「日本軍のハイテク兵器」

　レシプロ戦闘機を飛ばすエンジンには空冷式と液冷式がある。
　それぞれに利点、欠点があり、空冷エンジンは構造が簡単で比較的開発や生産がしやすい、冷却機構がシリンダー毎に独立しているので被弾に強いなどの利点がある一方、冷却のためにはすべてのシリンダーに必ず冷風を当てなければならない、つまり原理的に必ず空気抵抗が発生してしまう欠点があった。
　液冷エンジンは冷却液をシリンダー周りに循環させ、熱くなった冷却液を冷却器に流して冷やし、また循環させるという方法をとる。シリンダーを風に当てる必要がないので流線型の機体の内部にエンジンを収めることができ、同じ馬力なら空冷式より速度を向上させやすかった。ただし液冷式には構造が複雑で部品点数が多いという欠点がある。日本軍

五式戦闘機

性能諸元【全長】8.82ｍ【全幅】12ｍ【全備重量】3495kg【最高速度】580km/h【航続距離】1800㎞【武装】20mm 機関砲×２ほか

に液冷式の機体が少ないのは、当時の日本の工業力、整備員の練度では液冷エンジンを扱うのが困難だったからだ。

それでも液冷エンジン搭載の戦闘機「三式戦闘機〝飛燕（ひえん）〟」を配備している。

だが、飛燕は高速戦闘機としては性能が中途半端な感は否めず、改良型の三式二型の生産がスタートした。しかし、ここで大問題が発生する。二型に搭載する新型液冷エンジン「ハ１４０」の生産がひどい遅滞を起こしたのである。ハ１４０は日本の工業力で大量生産するには難しいエンジンで、生産数の大半が検査で不合格になるという目も当てられない状況となった。

一方、高性能な機体の方は順調に生産が

進み、結果としてエンジンなしの首なし機体だけが川崎の工場に並ぶという異常事態となり、その未完成機体の列は工場をはみ出し道路にまで達し、２キロメートル以上あったという証言もある。

結局製造元の川崎重工の工場にあった３４７機の機体のうち、三式二型として完成したのは99機だけで、残りは液冷エンジン搭載を諦めて空冷エンジン搭載の、試作名称「キ１００」〝五式戦闘機〟という新戦闘機に作り直すことになった。

キ１００に搭載するハ１１２二型空冷エンジンは信頼性の高いエンジンで、すでに偵察機などに使われた実績があった。また、三式二型の機体にほぼ無改造で設置できることがわかった。

ただ、細長い液冷エンジンから直径の大きい空冷エンジンに載せ替えたため、細く引き絞るように仕上げられた三式二型の機体からエンジンが左右に20センチもはみ出してしまった。このままでは段差に渦流が発生し振動などの原因になってしまう。

そこで機体の胴体の上からフィレット（張り出し）を取り付け、エンジンのカバーから胴体に滑らかに線が繋がるように成形し直した。フィレットの開いた部分から排気管を出して、その部分にできる渦流は排気で吹き飛ばす設計だった。

五式戦闘機のもとになった三式戦闘機〝飛燕〟

これらの再設計、試作、初飛行まで、わずか5ヶ月で行われるという突貫工事ぶりだった。当時の日本はすでに米軍の爆撃にさらされており、一刻の猶予もなかったためである。

機首が流線型の三式二型に対し、空冷エンジンのキ100はどうしても空気抵抗が増大してしまう。そのため三式二型の最高速度時速610キロメートルに対し、キ100は時速590キロメートルと速度は低下している。

一方で液冷エンジンの冷却機構一式を取り払った結果、300キロ以上も重量が軽くなり、翼面荷重が軽減。機首が短くなり縦方向の慣性質量が減ったことで、素早く上下に機首を振れるようになり、運動性が向上した。また、もともと高速で敵機に突っ込むことを想定していた三式二型の機体が使われているため、急降下性能が日本機にしては高いなど、新鋭機製造失敗を挽回するために急遽でっち上げられた機体でありながら、思わぬ高性能機に仕上がっていた。

キ100を受け取った搭乗員の評判も上々で、「キ100があれば不敗」「キ100を全力生産しろ」とまで言った者もいた。実際、最高速度では米軍のP-51Dなどには及ばないものの、総合性能では対等で、搭乗員の腕が良ければ互角に戦うことができた。

ただし、登場が戦争末期であり、生産数も少ないためあまり活躍はしていない。

そもそも名称からして三式戦〝飛燕〟、四式戦〝疾風〟などのカッコいい公式愛称もつけられておらず、それ以前に五式戦闘機という名称すらも通称で、あくまで改造機であり陸軍も制式指示を出しておらず、制式名称がないという説もある。つまりキ100という試作戦闘機を皇紀2605年に飛ばしたので、後付けで五式戦と呼ばれているというわけだ。この辺りは諸説あるようだが、それほど戦争末期は混乱していたのかもしれない。

いずれにせよ、陸軍航空隊最後の高性能戦闘機が単なる偶然の産物だったのは、あまり喜べない事実であろう。

五式戦闘機を左後方から撮影した写真。フィレットが付いているのがわかる。

五式戦闘機に搭載された「ハ112二型空冷エンジン」

【伝説の高速偵察機】

艦上偵察機「彩雲（さいうん）」

大日本帝国海軍

太平洋戦争開戦前、海軍は中島飛行機に対し、「実計番号N50」と称する「宿題」を出していた。実計とは「実用機試製計画」の略で、要するに「将来こんな機体が必要になるかもしれんから、事前に研究だけはしておきなさいよ」という、いわば制式の仕様が決定する前から、航空機メーカーに高性能機の研究を促すものだった。

N50は艦上高速偵察機で、スピードが速いだけでなく航続距離も長い、まさに艦隊の目となるべき高性能機であった。

太平洋戦争が開戦すると、いよいよ高速偵察機が必要になり、海軍はN50の試作機を正式に発注、これは「十七試艦上偵察機」として開発がスタートした。この機体に要求されたことは、あらゆる敵戦闘機より速いこと（目標は高度6000メートルのとき、時速

彩雲

性能諸元【全長】11.15ｍ【全幅】12.5ｍ【全備重量】4500kg【最高速度】609km/h【航続距離】3080km【武装】7.9mm 旋回機銃×１

６４８キロ以上）、航続距離は燃料満タンで４６３０キロメートルを飛べることが求められた。

搭乗員は操縦手、無線手、偵察員の３名。無線機や大量の燃料などを積みつつ、空母で運用できるように小型で、しかも短距離で離陸できる機体にしなければならない。中島の技術陣はこの矛盾しているともいえる難題に果敢に取り組んだ。

まずエンジンについては、小口径で高馬力の「誉（ほまれ）」エンジンが使える目処が立っていた。

誉は戦争後半の日本を代表する空冷星型エンジンで、高性能だったが低品質の燃料では故障しやすいなど欠点も多く、のちにこれがこの機体の足を引っ張ることになる。

しかしいくら高馬力の誉でも、この重い機体を速く飛ばすには工夫が必要で、結局プロペラの生み出す推力とは別に、排気管を直管で後ろ向きに並べて排気ガスの噴出を推力の足しにする「推力式単排気管」という構造にした。

機体も空気抵抗を抑えなければならず「エンジンカウリングより太い部分を作らない」という方針でデザインされた。そのため機体は奇妙に細長い独特なものとなった。空母に搭載するために全長に制限があったので、3人の搭乗員を収める操縦席は機体の後半にまではみ出し、空いたスペースに機材を詰め込んだ。推力を増すため大型のプロペラを装備した結果、地上では長い着陸脚が必要になり、これが故障しやすい欠点となっている。

滑走距離が短い空母でも運用できるよう、主翼には親子式ファウラーフラップ、前縁スラット、エルロンフラップなどが装着された。これらはいわば離着陸時に揚力が大きくなるように主翼の一部が変形する装置だと思えばよい。

これらの装置も飛行中には主翼にピタリと収まり、気流の流れを妨げることがなかった。その主翼も新開発の翼断面が使われていた。翼断面の形状は翼表面の気流の流れ、さらにいえば飛行機の性能に直接的な影響がある。十七試艦上偵察機のKシリーズ翼断面は世界

関東防空を担った「第三〇二海軍航空隊」の彩雲

側面から見た彩雲。コクピットの様子がよくわかる。

飛行する彩雲。増槽が取り付けられている。

でも最新の研究に基づいており、航空大国アメリカにも引けを取らないものだった。

こうして、高性能偵察機を空母に載せるために徹底的に工夫を凝らしたこの機体は、昭和19（1944）年「高速艦上偵察機C6N1〝彩雲〟」として制式採用された。

彩雲は誉エンジンや着陸脚のトラブルに悩まされた一方、敵戦闘機を寄せ付けない圧倒的な高速性能で活躍、敵地を偵察後、追いすがる敵戦闘機を振り切り「我に追いつくグラマンなし」と打電したのは有名である。

武装は後席に7・9ミリ旋回機銃が搭載され、追ってくる敵機をけん制できるようになっていたが、速度に任せて逃げ切れるため、あまり使わなかったようだ。

惜しむらくは、艦上偵察機として狭い飛行甲板でも運用できるよう、徹底的に工夫して開発されていたにもかかわらず、配備された頃にはもう日本海軍にはまともな空母はほとんど残っていなかった。そのため、彩雲は陸上偵察機として運用されることが多かったようである。

【現代誘導兵器の先駆け】
対艦誘導爆弾「ケ号爆弾」

大日本帝国陸軍

現代の誘導兵器にはいくつか種類がある。

レーダーで目標を捉えて飛んでいくミサイルや、射手の誘導（レーザー誘導や、有線もしくは無線で操縦するものも）、着弾点をＧＰＳで確認するものなどである。

それら誘導兵器の中に、赤外線誘導のものもある。

赤外線は熱を発するものから出る光の一種で、肉眼で見ることはできない。しかし、赤外線を見ることができるカメラでは、暗闇であっても体温がある人体などは明るく輝くように見え、パッシブ式赤外線暗視装置は現代の戦争では必須の装備である。

当然機械である兵器類は高熱を発する派手な熱源体であり、第二次大戦の頃から、これを目標に狙いを定める兵器、というアイデアは当然検討されることとなる。赤外線誘導の利点は、誘導される原因が目標自体の発熱にあること、すなわち発射側の誘導操作を必要とせず、こちらからレーダーの電波を出す必要もないことだった。撃つなり投下するなりすれば、あとは退避行動に移れるのである。

昭和19（1944）年7月、陸軍科学研究所において、赤外線誘導兵器の研究部署が設置される。これは秘匿名称を◯に「け」の文字でマルケ特別研究班と呼ばれた。「け」とは決戦兵器を意味する（検知器を意味するとも）。第二陸軍技術研究所の野村大佐がリーダーとなり、各部品について大学や電気部品会社の専門家を集めて研究させた。

マルケ班の構想では、先端に熱感知装置を備えた爆弾を作る。この爆弾には弾体の落下方向を制御する翼がついており、必ず下を向くように最後尾にダイブブレーキがついていて、投下時にこれが開く設計だった。

下向きになった爆弾は熱感知装置で敵戦艦の煙突などの熱源の方向を捉え、その熱源の方に落下するように翼を動かし、軌道修正する。目標が動いたり爆弾が風に流されても、その都度捉えた目標に向くように自動的に修正されるので、最終的に一発必中で命中する、という計画であった。

熱感知装置は複雑な部品で、爆弾の最先端部分には信管撃発用の感知器があり、その後

ケ号爆弾

性能諸元【全長】4743mm【全幅】2000mm【直径】500mm【センサー部の直径】420mm（試作、量産モデルにより大きさが異なる）

ろの頭部カバー内部先端に赤外線を受けると抵抗値が変わるボロメーターという部品を内側に向かって取り付けていた。爆弾先端から入ってきた赤外線をボロメーター取り付け部分のさらに奥にある、高速回転する斜めに偏った形の皿形の反射鏡で跳ね返し、角度ごとにずれた方向からスリットを通してボロメーターに当てることで、特に暖かい方向のボロメーターの抵抗値が変化する。これを増幅器で増幅することで、暖かい方向に爆弾が向くように舵のサーボモーターを動作させた。

この熱感知装置の奥に成形炸薬の弾頭があり、命中すれば敵艦の装甲を真上から貫通することができた。

この爆弾は「ケ号爆弾」と呼ばれ、完成すれば人間の操作不要で自動的に敵艦に突入する爆弾となり、投下した母機はそのまま離脱することができるはずだった。

もっとも、それは完成すればの話であり、実際には熱感知装置の検出能力が弱すぎてなかなか命中精度が上がらなかったようである。

また、単純に熱いものに向かう機能しかないので、敵艦に1発命中してしまうと、その火災に惹きつけられて他の爆弾も無意味にすでに大破した艦に集中してしまう可能性があった。

昭和19年10月から、浜名湖において投下試験が何度も行われたようであるが、結局、完成前に終戦となり、ケ号爆弾は完成することはなかった。

が、実はこのケ号爆弾、戦後日本に大きな影響を残している。

熱感知装置を開発していた科学者のひとり、井深技師は電気部品メーカーの常務であり、その才能と人柄を高く評価していたのが海軍の盛田技術中尉である。

2人はケ号爆弾の開発を通して親しくなり、戦後、日本を牽引する電機部品メーカーを作ろうと立ち上がる。

井深大と盛田昭夫、後のソニーの創業者である。

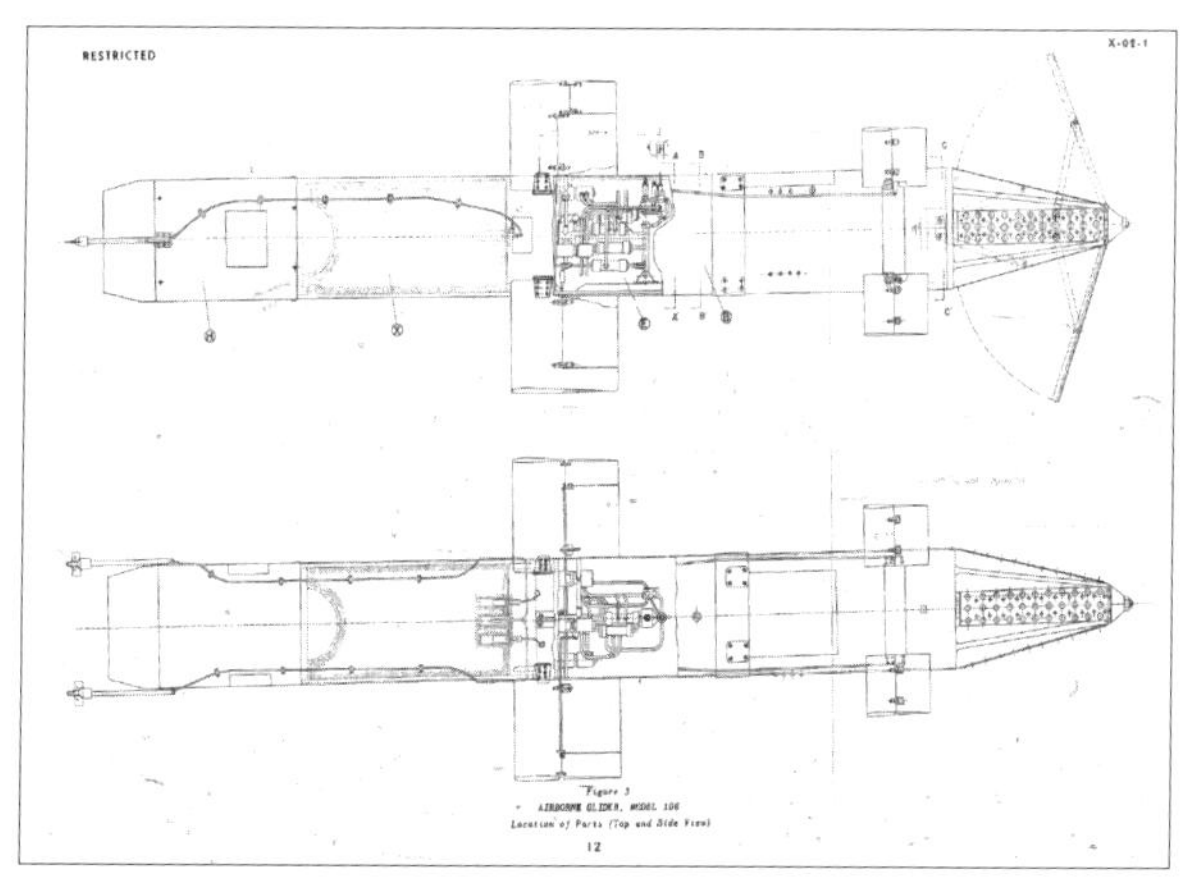

ケ号爆弾の図面

ケ号爆弾のセンサー部（米軍の資料より）

【幻に終わった高速偵察機】
高高度偵察機「景雲(けいうん)」

大日本帝国海軍

太平洋戦争の戦局が悪化し始めた昭和18（1943）年、海軍空技廠の技官たちによって、軍に対し「Y40」という高速偵察機の設計が提案された。Y40は高速小型の偵察機で、戦局が守勢に転じ、長距離を飛ぶ大型偵察機より、敵機が徘徊する空域をその速度を持って強行偵察する機体の方が必要とされてきたため、提案された機体であった。

Y40は18試陸上偵察機「景雲」として開発がスタートする。景雲に求められたのは、とにかくコンパクトで速いことだった。時速714キロという速度で敵戦闘機を圧倒し、偵察した情報を持ち帰るのが景雲の開発目的であり、その実現に必要なのは洗練された流線型の機体と大馬力である。

機体のデザインの方はなんとかなる。しかし問題はエンジンだった。風に当てて冷却す

景雲

性能諸元【全長】13.05mm【全幅】14m【全備重量】8100kg【最高速度】783km/h【航続距離】1269km【乗員】2名

る必要のある空冷エンジンでは空気抵抗の増加はどうしても避けられない。流線型の機体の内部に収めるには液冷エンジンの方が最適である。しかし当時の日本には大馬力を出せる強力な液冷エンジンはなかった。

当時の日本軍の代表的な液冷エンジンといえば海軍機に搭載された「アツタ」と陸軍機に搭載された「ハ40」がある。

どちらもダイムラーベンツのエンジンを国産化したもので、丁寧に作ってしっかり整備してやればよく回ったが、生産技術不足と液冷エンジンの経験が不足した整備員のために、そのどちらも達成することができず、よくトラブルを起こすエンジンと化していた。

いずれにせよ、アッタ一発だけでは馬力不足で計画目標値である時速714キロは出せない。何か決定的な打開策が必要である。

この打開策のヒントは、戦前にドイツのハインケル社が試作して、結局ドイツ軍に採用されずに日本が買い取っていたハインケルＨｅ119高速爆撃機にあった。

ハインケルＨｅ119はやはり機体の高速化を狙い、エンジンが2発ある双発機だったが、通常の双発機のように両翼にエンジンを装備することによる空気抵抗の増加を嫌い、なんと2発のエンジンを結合して胴体内部に収め、そこから延長軸を介して機首のプロペラを回転させるという構造になっていた。

ハインケルＨｅ119の操縦席も機首にあるので、左右の座席の間に操縦室を貫通する形でプロペラの軸が伸びているという、前代未聞の奇怪な飛行機だった。たしかに2発のエンジンを結合させて馬力を2倍にし、それを流線型の機体の内部に収めてしまえば空気抵抗は大幅に軽減できる。その大馬力を持って機首の6翅プロペラを回転させて飛行すれば、速度の目標値達成も夢ではない。

しかし、現実にはそうはいかなかった。まだ景雲開発途中の昭和19年には戦局が極度に悪化、飛行機を作る資材も枯渇しつつあり、高速偵察機自体も必要性が疑問視され始め、

開発にあたって参考にしたドイツのハインケルHe119（写真は水上機タイプ）

組み上げを待つ景雲の機体

ついに景雲の開発中止が言い渡される。

しかし、心血を注いだ画期的な機体が破棄されるのを惜しんだ技術陣は「景雲にジェットエンジンを搭載すれば、もっと速い攻撃機になります」と主張、ジェット景雲「景雲改」開発のためのデータ取得に景雲を完成させることが必要だと説得し、軍に開発計画復活を約束させてしまう。

こうしてただ1機、景雲の試作機がついに完成した。しかし、飛行試験の結果は芳しいものではなかった。速度が出せる出せない以前に、機体内に収められた双子エンジンにひどい加熱問題が発生、ついにはエンジンが焼損してしまう事故が起きている。結局まともに飛行と呼べる状態でテストできたのは10分間ほどで、本当に計画されたような速度が出せたのか、確かめることすらできなかった。

景雲唯一のこの試作機は修理中に終戦を迎え爆破処分されてしまい、その潜在能力は永遠に不明となってしまった。

【最速戦闘機の夢を求めて】

試作高速戦闘機「キ64」

昭和15（1940）年頃のことだが、陸軍ではこれまでにない高速戦闘機の開発計画が持ち上がっていた。これを「キ64」という。

当時、日本軍の持っている戦闘機用エンジンはどれも1000馬力級のエンジンばかりであり、パワーがないぶん装甲を減らして軽量化したり、機体表面の気流の流れを見極めて、複雑な流線型に機体をデザインしなければならなかった。ゼロ戦などがその最たる例で、馬力の弱いエンジンで速力と運動性を兼ね備えた戦闘機を作るため、防御力を犠牲にし、製造時の作業工数も多かった。

その頃、川崎重工ではドイツのダイムラーベンツから傑作液冷エンジンDB601の製造権を購入し、その日本版であるハ40エンジンが作られようとしていた。ハ40は馬力こそ

1100馬力とそれほど強力なわけではない。しかし、液冷エンジンは空冷エンジンと違って、シリンダーを星型に配置し、それぞれのシリンダーに均等に外の風を当てる、などということをする必要がなかった。液冷エンジンを冷やすのはラジエーターから来る冷却液なのだ。

川崎では、その特徴を生かし、流線型の機体に完全にエンジンを埋め込む、しかも2発並べて搭載し、馬力を2倍にしてやろうと画策した。これは海軍が手がけた景雲（26ページ）と同じ着想だが、異なるのは細長い液冷エンジンを縦に並べ、機首の二重反転式のプロペラを回すという部分である。横に並べる景雲と異なり、縦に並べるこの試作機はそのぶん機体を細くでき、空気抵抗も軽減できる。また、2つのプロペラがそれぞれ逆回転する二重反転プロペラは、回転のトルクが機体の運動に与える影響を緩和できるはずだ。実はプロペラ機は、プロペラという部品の回転力の影響を常に受けており、プロペラの回転の方向によって旋回しやすい方向としにくい方向がある。

エンジンの冷却方法も凝っていて、大型のラジエーターを使うと空気抵抗を生むため、キ64では蒸気式表面冷却という方式を採用した。これはエンジンで熱を吸収して高温になった冷却液を蒸気に変換して主翼表面の冷却板に導き、冷やして液体に戻し再びエンジ

キ64

性能諸元【全長】11.03m【全幅】13.5m【全備重量】5100kg【最高速度】690km/h【航続距離】1000km【武装】20mm機関砲×最大で4

ンに循環させる、戻しきれない蒸気は機体から吹き出して捨てるという方式である。

キ64に使われる2発セットのエンジンは全体でハ２０１と呼ばれる。2発串型に配置したため、エンジン部分だけで全長6メートルもあったという。

だが、当然飛行機の胴体に乗るのはエンジンだけではない。搭乗員の操縦席も用意しなければならない。しかし、ハ２０１の後ろに設置すると操縦席は機体の後ろに寄りすぎるし、前に設置すると前に寄りすぎる。これをどう解決するのか。ハ２０１ではエンジンとエンジンの間に操縦席を設けることにした。これなら通常の戦闘機と変わらぬ視界が約束される。

キ64は計画値では時速700キロメートルに達すると見積もられていた。これは昭和15年当時、世界最速の戦闘機だった。さらにハ40エンジンを改良型のハ140エンジンに換装すれば、現代に至るまでのプロペラ機の最速である時速800キロ台も狙えると考えられた、まさに最速の戦闘機である。

実際に飛べる試作機が完成したのは昭和18（1943）年である。

しかし、その結果は理想通りとはいかなかった。

まず蒸気式表面冷却は低速では効果が低く、エンジンが過熱した。エンジンに挟まれた格好の操縦席は予想を超える高温となり、搭乗員が耐えられないほどだったという。そもそもこのエンジン配置は着陸に失敗した際に前後のエンジンに搭乗員が挟まれて死ぬ危険性を常に秘めており、テストを担当した搭乗員はただ飛んでいるだけで緊張を強いられた。あまりの緊張に、その日の試験が終わるとキ64のテストパイロットは、ため息をつきながら飛行場の草地に倒れ込んだそうである。

結局、ハ40、ハ140両エンジンの不調と改良作業の遅れからキ64の開発計画は遅れ始め、ついには改良が完了する前に終戦となってしまったのである。

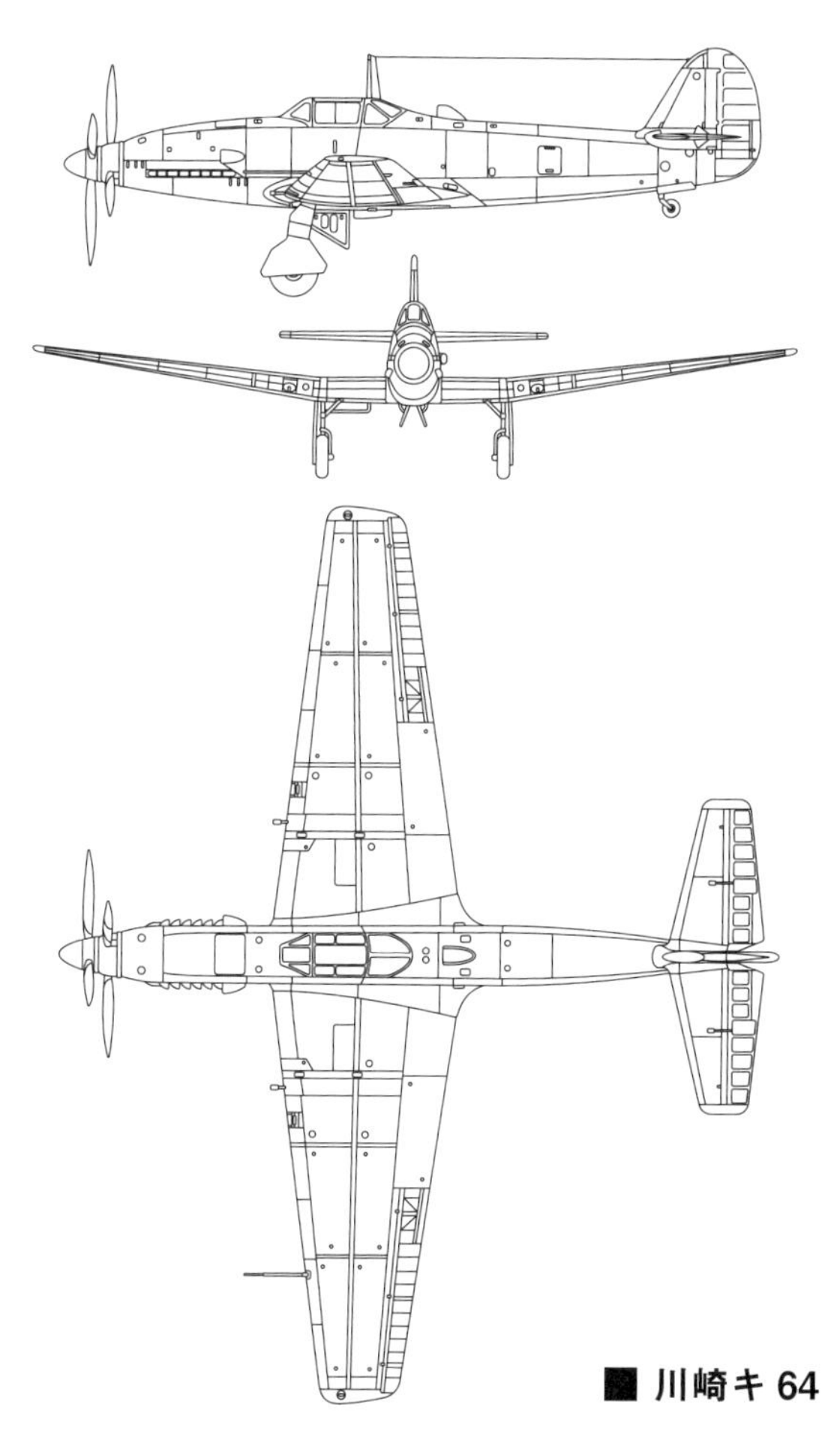

キ64の三面図。機首には二重反転プロペラが取り付けられている。

【日本最速の翼】

高速実験機「キ78〝研三(けんさん)〟」

大日本帝国陸軍

　飛行機の性能は第一次大戦で飛躍的に発達した。
　戦争が終わり、飛行機という乗り物にまだまだ未知の可能性があると見た技術者たちは、最速の機体を目指して高速の実験機やレーサー機を作り始めた。その結果、第一次大戦と第二次大戦の戦間期、欧州では次々に革新的な高速機が誕生していくことになる。
　アニメ映画「紅の豚」で、主人公ポルコの戦友フェラーリンが乗るマッキM.39は実在の機体で、水上機の国際レースに出場するために開発されたイタリア機である。フランスでは高級車で知られるブガッティがブガッティ100Pというレース専用機を開発している。100Pは驚くほど洗練された外見を持ち、とても戦前に作られた飛行機とは思えない。21世紀の我々から見ても未来の飛行機に見えるほどだ。残念ながら完成直前にナチ

キ78〝研三〟

性能諸元【全長】8.1m【全幅】8m【全備重量】2424kg【最高速度】699.9km/h

スドイツのフランス侵攻に巻き込まれ、未完成に終わっている。そのドイツでは、航空機メーカーのハインケルが「世界最速」に並々ならぬ情熱を持ち、世界初のジェット機Ｈｅ１７８、世界初のロケット機Ｈｅ１７６を次々に完成させている。

その情熱の波は日本にも押し寄せてきていた。もともと戦闘機は速ければ速いだけ有利であり、航空機の速度競争はそのまま戦闘機の開発競争でもあった。

日本における最先端の航空機研究施設である東京帝国大学航空研究所に、昭和14年、陸軍航空研究所から将来の高速戦闘機開発の参考となるような速度研究機開発の依頼が来る。それは当時の最速記録、ドイツの

Ｍｅ２０９が出した時速７５５・１３８キロを超えることが目標となっていた。

この機体は「研三」の名で開発されることとなる。陸軍の試作機でもあるので、試作名キ78がつけられた。とはいえ、いきなり何もないところから世界記録挑戦も難しいので、まずは時速７００キロ台の世界の高速機と同水準に当たる機体を作ろうと計画された。これを「研三中間機」という。研三中間機から得られたデータに基づいて、本番の速度研究機を作ろうというわけだ。

エンジンは国産と言いたいところだが、実績や性能を鑑みてドイツのダイムラーベンツＤＢ６０１が選ばれた。しかしＤＢ６０１は１１７５馬力しかなくやや馬力不足であるため、高速用にチューンし直し、１５５０馬力まで出力を上げた。吸気冷却のためにメタノール噴射装置が装着されたが、これはのちに戦闘機にも使われることになる。機体にはのちに戦闘機に使われることになる超々ジュラルミンが、エンジンマウントはマグネシウム構造材と機体の軽さにこだわった。

機体前部側面に並んでいる排気口もすべて後ろ向きになっており、排気の圧力も推力として使う設計だった。

設計が完了したのが昭和17（１９４２）年5月、試作機が実際に完成したのは昭和17年

時速699.9キロの日本最速記録を達成した機体。塗装はオレンジ色だった。

終戦後、アメリカ軍の車両で粉砕される研三

12月だった。この機体は速度記録に挑戦するため機体の凹凸をできるだけなくすよう気を配って設計されており、長いと空気抵抗の元となる主翼も可能な限り短くなっていた。

それゆえに主翼の面積あたりにかかる機体の重さ、すなわち翼面荷重が高く、より強い揚力を発生させるために速い速度で飛び続けなければならず、着陸時には高速を維持したまま滑走路に進入する必要があり、操縦は難しかったという。また、離陸時に機体がプロペラの回転トルクに負けて傾くので、微調整しながら離陸しなければならなかった。

研三は昭和17年12月から昭和19年1月まで無事故で試験を実施、昭和18年12月27日、31回目の試験飛行で時速699・9キロを記録し、中間機としての目標をほぼ達成した。これは現在も破られていない「プロペラ機の日本最速記録」である。

計画では研三は3000馬力級エンジンを積む案やジェットエンジンを積む案などが検討された。時速800キロも夢ではないと見積もられていたようである。だが、まさにこれからという頃にはすでに戦局は悪化、速度記録などに構っていられなくなり、研三は放置された状態となりそのまま終戦、機体は進駐軍によって破壊されてしまった。

【日本初のジェット戦闘機を目指して】

ジェット戦闘機「橘花（きっか）」と「火龍（かりゅう）」

大日本帝国陸海軍

飛行機が発明されてから第二次大戦の頃まで、飛行機の動力源の多くは自動車などと同じ、ピストンの上下運動から回転力を取り出すレシプロエンジンだった。取り出した回転力でプロペラを回すという構造は効果的で、取って代わる動力はなかなか現れなかった。

しかし、飛行機の性能が向上し、速度や高高度性能が求められるようになると、次第にレシプロエンジンでプロペラを回す方式に限界が見えてくる。まずプロペラというものは、速く回転した分だけ推進力が増すわけではない。むしろ速く回転させすぎるとプロペラから衝撃波が発生し推進力が低下する。つまり単純にエンジンの馬力をあげても速度を上げるには限界があるのだ。その馬力も、空気が薄い高空では出なくなる。燃料の燃焼に必要な酸素も薄くなるためだ。このため航空機用エンジンには空気を吸い込んで圧縮する過給機が付いている。また圧縮して高温になった空気を冷却する冷却器も搭載する必要があった。これらの要因から航空機用エンジンは出せる馬力に対して巨大で重く、複雑すぎる機械となり性能も伸び悩み始めていた。

これらの諸問題を一気に解決するのがジェットエンジンである。ジェットエンジンは吸入した空気を圧縮機で圧縮し燃料と混合、それを燃焼させ高圧の排気ガスを噴射した反作用で推進力を出すエンジンである。プロペラと違い噴射が強いほど反作用も強いので馬力が強いほど速度も出せる、エンジンの構造そのものが過給器なので過給器の取り付けが不要、出せる馬力に対する重量がレシプロエンジンより軽いなど、飛行機用のエンジンとしては最適だった。また、高品質のガソリンが必要なレシプロエンジンと違い、ジェットエンジンはそれほど燃料の品質を問わないという利点もある。

ジェットエンジンを戦闘機に搭載する研究は第二次大戦時ではドイツとイギリスが先行しており、ドイツのメッサーシュミットＭｅ２６２が世界初のジェット戦闘機として知られている。Ｍｅ２６２の性能に目をつけた日本軍の将校によって、その資料が日本に持ち帰られたのが昭和19（１９４４）年だった。

目的はＭｅ１６３〝コメート〟（２０８ページ）と同じく、アメリカの爆撃機から本土

橘花

性能諸元【全長】9.25m【全幅】10m【全備重量】3550kg【最高速度】677km/h【航続距離】584㎞

を防衛する任務である。また、押し寄せる敵艦隊を攻撃する任務もあった。やはりコメートと同じく断片的な資料しかなかったが、その資料に基づく日本初のジェット戦闘機開発は中島飛行機が行うこととされた。対艦用の海軍型を「橘花」、対爆撃機用の陸軍型を「火龍」という。

Ｍｅ２６２の最高速度は時速８７０キロメートルで、アメリカ軍の戦闘機よりも１６０キロ以上も優速であり、同等の性能の戦闘機を作れれば敵の護衛機など無視して目標を一方的に攻撃できるに違いない。

しかし、その開発は困難を極めた。航空機メーカーの施設は当然ながら爆撃の主要目標であり、中島飛行機の施設も破壊され

試験飛行に臨む「橘花」

てしまい、開発は群馬県の養蚕小屋で隠れて行わなければならなかった。資材も欠乏し、機体に軽金属を使えず代替品を多用した。橘花は「特攻機」とされたが、文字通りの自爆攻撃機という意味という説と「特殊な攻撃機」であるという説がある。

橘花も火龍もMe262を元に設計されたが、完全なコピーではないため橘花はMe262より少し小さく、逆に火龍は少し大きい。エンジンはBMWの資料からネ20タービンロケット（現在でいうターボジェットエンジン）を開発した。

ネ20を装備した橘花は昭和20年8月7日にわずか15分間の試験飛行を実施、11日の試験で滑走中に事故を起こし、修理中に終戦となった。火龍はより強力なネ130、ネ230エンジンの搭載が予定されていたが、エンジンの燃焼試験が行われたのみで実機が作られることはなかった。

2017年、中島飛行機三鷹研究所の跡地に立つ国際基督教大学から、ネ230の部品が発見されている。

橘花に搭載された「ネ20」エンジン

2017年に国際基督教大学で発見された「ネ230」のものと思われる部品。左右が排気ノズル、中央がノズルのカバー（写真提供：朝日新聞）

【ハイテクミサイルを完成せよ】

対艦誘導弾「イ号一型誘導弾甲／乙」

大日本帝国陸軍

現在では対艦攻撃にミサイルを使うのは当たり前となっている。ハリネズミのごとく武装した戦闘艦に有人機で突っ込むのは危険であるし、ミサイル1発の価格は高くとも、敵艦がそれで沈めば安いものである。

とはいえ、高度な誘導装置がある現在ならいざ知らず、第二次大戦当時にミサイルのような誘導兵器を実用化するのはなかなか大変であった。

日本では結局、誘導装置として生きた人間を使う人間爆弾「桜花（おうか）」が実戦配備されてしまったが、もちろん無人の誘導兵器の開発を最初から諦めていたわけではない。

昭和19（1944）年5月、第一陸軍航空技術研究所の大森少佐と第二陸軍航空技術研究所の小笠少佐は、繪野澤第二陸軍航空技術研究所所長を訪ねた。

イ号一型誘導弾甲

性能諸元：イ号一型（甲）【全長】5.77m【全幅】3.6m【重量】1400kg（乙）【全長】4.09m【全幅】2.6m【重量】680kg【突入時速度】甲乙とも550km/h

この数日前、特攻のさきがけともいえる体当たり攻撃が起きており、生きた人間が自爆攻撃をしなければならないのは、兵器開発を行う技術者の怠慢を意味する不名誉であるとして、緒野澤所長に対し「親子飛行機」のプランを提案する。

昭和19年7月、陸軍は新型誘導弾の仕様要求をまとめ、これをイ号一型誘導弾として発注することを決定した。イ号一型には大型の甲（キ147）と小型の乙（キ148）があり、甲は三菱に、乙は川崎にそれぞれ発注された。

三菱に発注された甲は大型の巡航ミサイルで、800キロの弾頭を持ち、新型爆撃機「飛龍」に搭載されて敵機動部隊から11

イ号一型誘導弾甲を搭載予定だった四式重爆撃機「飛龍」

キロ離れたところまで輸送し投下、そこで内蔵されたロケットエンジンに点火し、敵機動部隊に向かって飛んでいく甲を飛龍で追尾しながら敵の4キロ手前まで無線操縦し、最終的に敵に向かって突入させるというプランだった。

搭載のロケットエンジンはロケット戦闘機「秋水」のものと原理的によく似た二液混合型のロケットエンジン特呂1号3型で、二液を反応室に送り込むのには圧縮空気がつかわれたようである。翼は木製、胴体は金属製の骨組みにトタン板を貼り付けた簡素なものだった。

甲の設計は飛龍の設計チームがそのまま行った。試作機が10機ほど完成し、投下試験も行われたようだが、完成させ、量産まで行くまでもなく戦局は圧倒的に不利になり、敵艦隊は

川崎が開発したイ号一型誘導弾乙

強力な早期警戒、防御網と護衛戦闘機で守られており、爆撃機でラジコンミサイルを操作しながら敵機動部隊までついていくなど、まったく不可能であった。結局、甲は完成に至らず計画は中止となっている。

一方、川崎に発注された乙は、川崎の「99式双発軽爆撃機」か対地攻撃機（日本陸軍の分類名で襲撃機）である「キ102乙」を母機とする。甲よりふた回り小さく弾頭は300キロ、甲より近距離の目標を攻撃することが検討されていた。

乙も機体は甲と同じく木製の翼にトタンの胴体で、エンジンも同じく特呂1号である。乙の試作機は30機用意され、水戸の阿字ヶ浦海岸と神奈川の真鶴海岸で投下試験が繰り返された。乙の方は甲よりも試験が順調で、安定性の調整も進み実用段階に入りつつあり、予想的中率75パーセントと算出されていた。

ところが、昭和20（1945）年2月、伊豆上空で試験中の乙は突如コントロール不能となる。操縦できなくなった乙はそのまま伊豆の温泉旅館「玉の井旅館」を直撃、宿泊客2名、女中2名を殺傷（資料により1名重傷1名死亡）する大惨事を引き起こした。

この一件は「秘密兵器〝エロ爆弾〟が女風呂に突入」と後々まで揶揄されることになるが、関わりのない民間人が死亡しており笑いごとではない。

その後、試験場は琵琶湖に移り、琵琶湖の白石を標的に行われ、ほぼ実用段階に達したとして工場で150機の生産に入ったが、工場が爆撃で破壊されてしまい、開発計画は頓挫した。

2人の技術将校の義憤とは裏腹に、その頃には特攻作戦はまさに最高潮に達していたのだった。

【日本最速の海の狩人】

高速駆逐艦「島風（しまかぜ）」

大日本帝国海軍

「軍艦に積まれているエンジン」と、一言で表現するのは容易だが、皆さんは具体的にどのようなものかご存知だろうか。

船のエンジンといえば古くはレシプロ蒸気機関といい、ボイラーで真水を沸かし、高圧の蒸気にしてピストンのシリンダーに吹き込み、往復運動させることでそれを回転力に変換していた。これは蒸気機関車や当時の工場の機械などと、大きさは異なるが基本構造は同じものである。これらは熱源をエンジン外部に持つので「外燃機関」という。

小型船ではガソリンエンジンやディーゼルエンジンが使われることが多く、これらはエンジン内部で燃料が燃える内燃機関である。

20世紀に入り、船舶の外燃機関に革命的な進化がなされる。

「蒸気タービンエンジン」の普及である。

蒸気タービンエンジンはボイラーで生み出した高圧蒸気を金属製の羽根車に吹き付け高速回転させ、その軸から回転力を取り出すエンジンで、レシプロエンジンより効率よく動力が取り出せるため、大型船舶の速度はそれまでの1・5倍から2倍近くまで高速化されている。第二次大戦の軍艦の多くはこの蒸気タービンエンジンを採用している。軍艦の高速化は、当然ながら相手側にさらなる高速化を要求することになる。

1930年代に日本を含むいくつかの国が軍縮条約破棄、脱退を行ったことで、軍縮体制が崩壊、列強海軍の軍拡を縛る枷(かせ)がなくなり、次々に新鋭戦闘艦を建造していった。それらの列強諸国の艦はいずれも最大速度30ノット前後の高速戦艦揃いだった。

当時、日本海軍は魚雷の研究に力を入れており（「酸素魚雷と重雷装艦」の項を参照）、魚雷を主力武装とする駆逐艦もまた重要な戦力だった。それら駆逐艦は35ノット前後の速力で、決して遅くはなかったが、砲弾より遅い魚雷を有効に使うには常に目標に対し有利な位置を占め続けなければならず、ちょっと速いくらいでは間に合わない可能性が大きかった。

そこで軍艦の建造を司る海軍艦政本部では、昭和14（1939）年、蒸気を作るボイラー

駆逐艦「島風」

性能諸元【全長】129m【全幅】11.2m【排水量】3323t【速力】40.9kt【武装】12.7cm 連装砲×3　魚雷発射管×3　爆雷投射機ほか

と蒸気を受けるタービンをどちらも新型にした高速駆逐艦を建造することとし、これを「丙型駆逐艦」と命名、この艦はのちに「島風」と呼ばれることになる。

大正時代には海外で設計された蒸気タービンエンジンを使っていた日本海軍だが、大正時代の末にタービンの国産化に成功、設計した海軍艦政本部にちなみ「艦本式タービン」と呼び、同じく国産化に成功したボイラーを「艦本式缶（缶とは汽罐を略したもの。ボイラーのこと）」と呼んでいた。

島風に搭載される艦本式缶は特に高温高圧の物を採用してあり、その蒸気を受ける艦本式タービンも、従来は高圧、中圧、低圧の3室の直列したタービン室からなっていたものを高圧、高中圧、低中圧、低圧と4室に分けてより効率よく蒸気を受ける体制とした。

おかげで機関全体が大型化する欠点もあったが、出せる馬力は大幅に向上した。島風の最大出力は2軸で7万5000馬力で、これは大型戦艦の扶桑型、伊勢型（いずれも近代化改修後）とほぼ同等の馬力であり、島風が両型よりふた回りも小さい駆逐艦であることを考えれば、異様な高出力だった。

島風の公試時における最大速度は時速40・37ノット（時速約74キロメートル）に達し、全力時にはモーターボートのように船首が浮き上がったという。

これは世界レベルで見てもかなり速い部類に属する高速駆逐艦だった。

しかし、島風は実験艦のような色彩が強い艦でもあり、魚雷による遠距離攻撃を主力戦術とする艦隊決戦が起きる可能性も低くなり、結局、島風型駆逐艦は量産されず、一番艦島風のみしか建造されなかった。

島風はその後、太平洋で奮戦するも、フィリピンはレイテ島オルモック湾で撃沈されることになる。いかに俊足を誇る島風でも、航空機による攻撃からは逃れることができなかった。

昭和18（1943）年7月、キスカ島撤退作戦で北洋を航行する島風

昭和19年11月11日、フィリピン・レイテ島のオルモック湾にて米軍の空母艦載機の攻撃を受ける島風。激しい攻撃を受け、ついには沈没した。

【艦隊決戦兵器！】

酸素魚雷と重雷装艦

太平洋戦争は飛行機が大々的に兵器として使われた戦争であるが、戦前にはここまで飛行機による戦術が発達するとは思われておらず、戦艦を中心とする敵の艦隊を、味方の艦隊で迎え撃って雌雄を決する「艦隊決戦」が国家間の戦争の決着をつける手段だと思われていた。

そうなると強力な対艦兵器が必要になるが、だからといって大和のような巨大戦艦を何隻も建造するというわけにはいかない。また、そもそも第一次大戦以降、ワシントン海軍軍縮条約によって日本を含む海軍国の戦闘艦の保有数は制限を受けていた。

その中で、中型艦でも大砲を備えた戦艦並みの攻撃力を持ちうる兵器の開発が促進されることになる。魚雷である。

重雷装艦「大井」

性能諸元【全長】152m【全幅】14m【武装】61cm魚雷発射管×40（九三式魚雷4連装×10）

魚雷は水中を走行して敵艦の水面下に命中、もしくは船底で爆発し、爆圧で船体をへし折り破壊してしまう。大型の魚雷であれば駆逐艦程度なら一発で撃沈するほどの威力があり、各国とも魚雷の研究に余念がなかった。

魚雷の開発で難しいのはその動力源である。水中を走行する以上空気中の酸素を使って燃料を燃やすエンジンは使えない。電気モーターを使うという手もあるが、当時のモーターはバッテリー共々重さの割にパワー不足であり、電気式の魚雷は高性能とは言い難かった。

結局普及したのは圧縮空気ボンベを内蔵し、その空気を使って燃料を燃やして高温蒸気でスクリューを回転させる内燃機関方式の魚雷だったが、この方式には弱点もあった。空気の主成分のおおよそ8割が水に溶けず燃焼もしない窒素である。そのため走行中に海中に捨てる排気ガスが白い航跡として残ってしまう。

まだ誘導装置のない当時（ドイツで音響誘導魚雷が実用化されるのは第二次大戦中盤以降である）、まっすぐにしか進まない魚雷は発見されると回避された。これを防ぐには、燃焼したガスが水に溶けやすい二酸化炭素と水蒸気となる純酸素を使って魚雷を走らせるのが最適と思われた。排気ガスが水に溶けやすければ、排気しても泡が残らず白い航跡も現れない。しかし、当然ながら純酸素は爆発しやすくどの国も実用化できなかった。

そんな中、酸素魚雷の開発に成功したのが他ならぬ日本海軍だった。戦艦の保有制限を受けた日本は魚雷の開発に力を注ぎ、世界でも珍しい酸素魚雷の実用化に成功した。酸素魚雷の利点は航跡が残らず回避しにくいという他に、単なる圧縮空気と違い純粋に燃料の燃焼に使う酸素しか積んでいないためエンジンの馬力と航続距離が飛躍的に伸び、非常に強力な弾頭を積むことができた。

酸素魚雷は諸外国の大型魚雷と比べても、炸薬量、射程とも2倍近くあった（ただし爆薬は種類により爆発力が異なるので、炸薬量が2倍でも単純に破壊力が2倍なわけではな

日本軍が世界に先駆けて開発した九三式酸素魚雷

い）。

　これを艦隊決戦に使うため、さらなる新兵器が開発された。昭和16（1941）年、旧式巡洋艦「大井」と「北上」を改造し、積めるだけの魚雷発射管を積んだ「重雷装艦」なるものを開発したのである。

　両艦とも4連装魚雷発射管を片舷5基20門、両舷合わせて10基40門の魚雷を発射可能という空前の装備だった。これは通常の駆逐艦2～4隻分を1隻で装備している量である。

　1発当たれば大型艦でも無事では済まない酸素魚雷を片舷20門斉射すれば、その破壊力は恐ろしいものと想像できる。もっとも、この装備は破壊力を狙ったものではない。誘導装置のついていない酸素魚雷は直進しかできないため、命中率が恐ろしく低い。命中する確率を高めるには、一度にたくさん発射するのがもっとも確実である。

大井と北上は艦隊決戦において、敵の戦力を削り、味方の艦隊を優位とする露払いとして期待されていた。しかし、重雷装艦が活躍することはなかった。空母と航空機が戦場の主役となり、艦隊決戦の様相が変わってしまったからである。空母から発艦する攻撃機にまで魚雷が搭載できるとなると、重雷装艦のような特殊な艦種に活躍の場はなく、大井と北上は1年と経たずに輸送艦に改造されている。その後、大井は昭和19年に南シナ海で敵の攻撃を受けて沈没、北上は戦争を生き延び、復員兵の輸送などに従事している。

コラム　その1

日本軍航空部隊初の実戦「青島攻略戦」

第一次大戦は大正3（1914）年に勃発した世界規模の大戦争であった。主戦場は欧州であるが、自国が戦場になった直接の交戦国に加え、同盟国が次々に宣戦布告したため、利害が対立する国々があちこちで戦争を始めるという、混沌とした状況を呈していた。

当時、イギリスやフランスと関係が良かった日本はドイツに宣戦布告し、青島（チンタオ）を攻略することとなる。青島はアジア太平洋地域におけるドイツ帝国の拠点であり、力が弱まり列強の食い物にされていた清国が租借地としてドイツ帝国に明け渡した地域であった。

ドイツ帝国はここに青島要塞を建設し、艦隊を置いて植民地支配の要とした。青島の名産品に「青島ビール」があるのは、ドイツ人が駐留していた名残である。

大正3年当時、日本には実戦に耐えうる国産機を作る力はなく、青島攻略部隊を上空から援護する航空部隊で使われたのは、フランス製のモーリス・ファルマン水上機であった。

日本海軍のモーリス・ファルマン水上機

これらが日本初の空爆を行うことになる。また、海上から出撃した例としては世界初でもあった。
航空部隊には2人乗りの「モ式小型水上機」と3人乗りの「モ式大型水上機」の2種類があった。青島に向かったのは小型3機、大型1機、後に各1機ずつ追加され計6機であった。
これらの水上機部隊の母艦となったのが運送艦「若宮丸」である。当時はまともな水上機母艦はなく、若宮丸は貨物船の甲板に天幕を張って航空機を格納する、即席の水上機空母に過ぎなかった。発進の際はデリック（船舶によく設置されている吊り上げ機）で海面に下ろし、水上機はそのまま滑走して離水、帰還時には艦の間際まで自走してきて、再びデリックで吊り上げられて収容されるという仕組みである。

青島上空を飛ぶ海軍の水上機

モ式水上機の役割も、主なものは偵察、着弾観測（遠距離砲撃が目標からどの程度外れているか報告し、修正させる任務）、機雷の捜索であったが、主戦場の欧州と同じく、何者にも邪魔されず空を飛べるというのは大きな利点であり、すぐに攻撃にも使われることとなる。

しかし、当時はまだ飛行機の歴史も始まったばかりであり、本格的な航空機搭載用の爆弾などなかった。これは欧州も同じであり、大戦初期の欧州戦線では地上部隊に向けて空から無数の鉄の矢を撒いて攻撃するなどしていた（対人兵器としては結構効果があったようである）。

さすがにそれでは要塞攻略は難しいので、考えた末、大砲の砲弾を持ってきて改造し、これを飛行機から落として攻撃することとした。

これならば、理屈の上では大砲で攻撃しているのと変わらない。具体的には、砲弾の尾部に弓矢のような羽を取り付け、投下時の姿勢を安定させる。本格的な投下装置はないので、操縦席の胴体側面にこの特製爆弾をロープで繋いで設置し、目標上空でロープをナイフで切るという素朴な手段が使われた。

海軍のモ式の他、陸軍の偵察機も青島攻略戦に参加したが、第二次大戦時ほど華々しい活躍はしていない。まだ性能の低かった当時の航空機では、要塞を撃滅するような派手な活躍は無理であったし、任務の主眼はあくまで偵察や着弾観測であった。

大正3年9月に始まった青島攻略戦は11月には早くも青島のドイツ軍が降伏、青島攻略戦は日本イギリス連合軍の勝利に終わった。このとき青島で得たドイツ人捕虜が国内に移され、坂東俘虜（ふりょ）収容所など特に捕虜の扱いが人道的だった収容所周辺では文化交流が盛んに行われ、いくつかのドイツ文化が日本に根付くきっかけとなっている。

第一次大戦は欧州は国土が荒廃し数百万単位で戦死者が出る激戦であったのに、日本では国土が無傷なまま戦勝国となった。このことが日本人が安易に戦争に熱狂する土壌の一つとなったとも考えられる。実際、太平洋戦争が始まったとき、大衆は熱狂的に歓迎したようである。

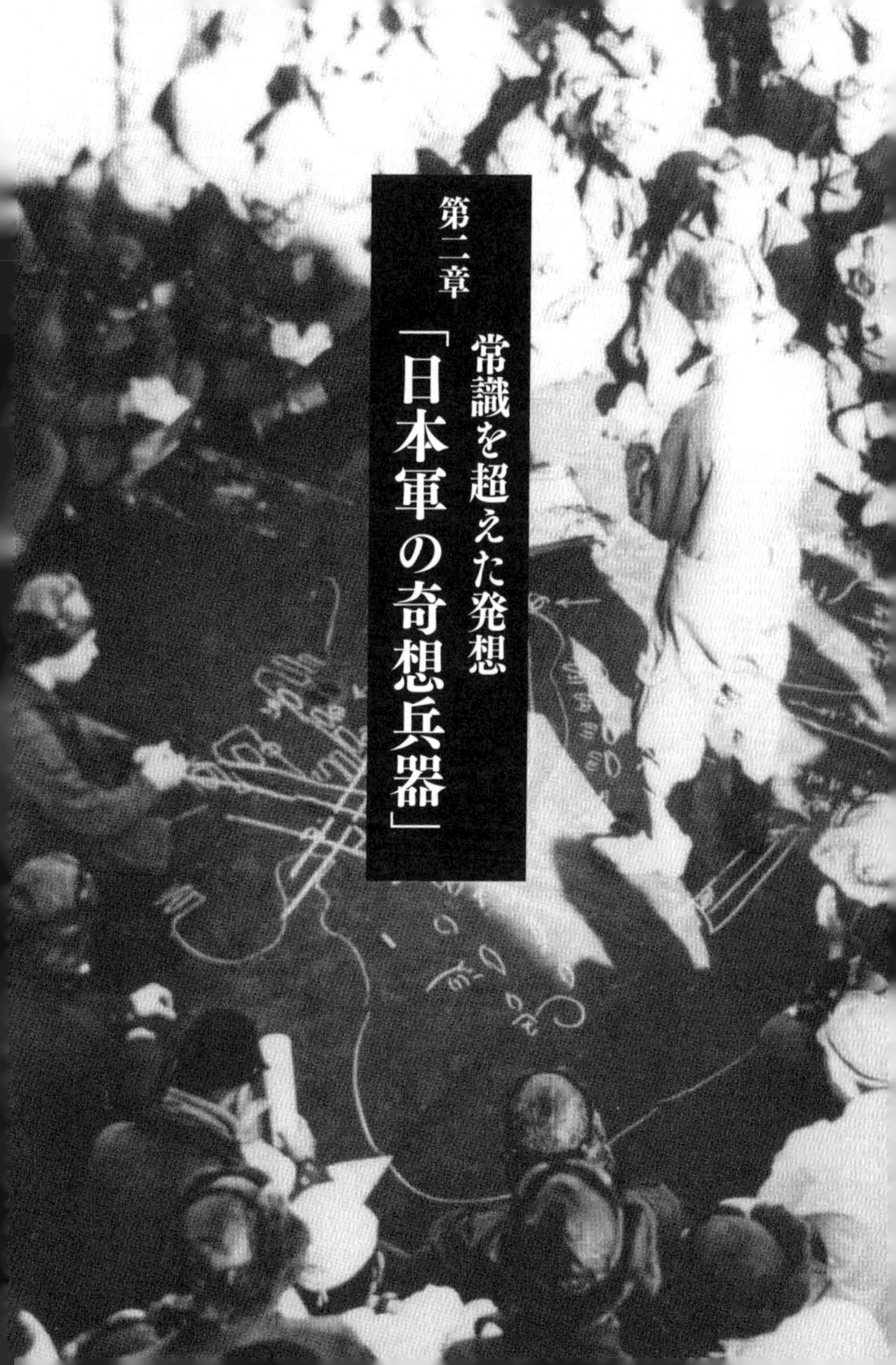

第二章　常識を超えた発想「日本軍の奇想兵器」

【世界で稀に見る潜航する空母】

潜水空母「伊400型潜水艦」

意外に思われるかもしれないが、日本は明治30年代にはすでに潜水艦の取得に動いており、欧米先進国に並ぶほど潜水艦戦力の整備を始めたのは早かった。もっとも、当時は潜水艦のようなハイテク兵器を独力で建造することはできず、アメリカのホランド型潜水艦を購入するにとどまっている。

その後、日本は造船技術を身につけ、独力で世界有数の潜水艦大国に育ってゆくことになる。しかし、アメリカを仮想敵とした場合、日本の潜水艦は欧州にはない問題を解決しなければならなかった。

欧州、例えばイギリス対ドイツを考えた場合、行動しなければならない海域は北大西洋が中心となる。むろん、植民地があるアフリカやアジアにも進出することになるが、主戦

伊400型潜水艦

性能諸元【全長】122m【全幅】12m【排水量】5233t【最高速度】18.75kt【武装】53cm魚雷発射管×8（搭載魚雷20本）ほか【搭載機数】晴嵐×3

場はあくまで北大西洋である。このため潜水艦に、あまり長大な航続距離を持たせる必要がなかった。潜水艦は海中に隠れて敵を不意打ちできることにこそ、戦闘艦としての価値があるのであって、航続距離を伸ばすために船体をあまり極端に巨大化させるのは、できれば避けたいことであった。

しかし、主戦場が太平洋となる日本では、相当な長距離を無補給で行動できる潜水艦が必要となり、早い時期から大型の潜水艦である〝艦隊型潜水艦〟が重視されるようになる。

艦隊型潜水艦とは、戦艦などの水上艦と行動を共にすることが前提となる大型、高速、長航続距離の潜水艦である。これらは

昭和７年に完成した日本初の潜水空母「伊５」

「海大型（かいだいがた）」と呼ばれ、浮上航行時には航続距離が長く、遠方まで進出できる能力があり、速度も速かったが、潜航時の性能が今ひとつで、戦時の損耗率が異様に高い。

一方、同時期に偵察を主任務とするやはり長航続距離の〝巡洋潜水艦〟もまた開発と配備が進められていた。巡洋潜水艦は、早くから偵察機を搭載する研究が行われており、昭和７（１９３２）年には偵察機が運用可能な「伊５」が完成している。これは潜水空母が実用段階にあるという世界でも稀なケースで、フランスにも偵察機を搭載可能な「スルクフ」という潜水空母があったが、こちらは搭載機を使うこともなく終わっている。

この偵察機運用能力を拡大し、攻撃機を複数搭載しようという計画が太平洋戦争の開戦直後から持ち上がり、２機搭載可能な甲型潜水艦改が、そして昭和17（１９４２）年には３～４機搭載可能な巨大潜水空母「伊４００」の開発が始まる。その作戦目標は中央アメリカ、パナマ運河である。ここは太平洋と

伊400の格納庫ハッチ。この中に水上機を収めた。

大西洋をつなぐ要衝であり、もし破壊できれば、大西洋と太平洋のアメリカ軍艦隊を分断できる。パナマ運河が使えなければ、大西洋のアメリカ艦隊は、太平洋に向かうのに南米大陸をぐるりと回る羽目になるのだ。

海大型や巡洋潜水艦を建造してきた経験がもとになっており、その航続距離はなんと浮上航行時で3万7500海里（約6万9500キロ）、単独で地球一周も可能というとんでもない性能だった。

むろん通常の攻撃機ではいくら巨大潜水艦とはいえ、伊400に積むことはできない。伊400の格納庫は直径

伊400に搭載された愛知航空機のM6A1「晴嵐」

3・5メートルしかなく、単に翼を折りたたんだ程度では載せることができなかった。そこで、甲型改や伊400に搭載する専用の攻撃機を開発することになり、完成したのが「晴嵐（せいらん）」である。

晴嵐はできるだけ小さくなるように、主翼を回転させて縦向きにし、胴体側面に添わせてたたむことができた。主翼展開用の油圧とエンジン暖気を艦内動力で賄うことで、浮上して格納庫ハッチを開くと、1番機、2番機を射出し終わるまで20分しかかからなかったという。主翼の展開に57秒、フロートの取り付けに45秒など、組み立てが素早くできるように工夫されており、できるだけ素早く作戦できるようになっていた。

しかし、伊400が完成し、他の潜水空母4隻とともに出撃したのはすでに終戦目前の昭和20（1945）年の夏であり、今更パナマ運河を攻撃しても無意味なので攻撃目標をアメリカ軍の泊地であるウルシー環礁に変更、しかしそこにもたどり着くことなく、8月15日に玉音放送を受信する。

結局、世界でも稀な潜水機動部隊は、なんらの戦果をあげることもなく降伏している。

【幻の米国本土爆撃計画】

超重爆撃機「富嶽(ふがく)」

大日本帝国陸海軍

日本とアメリカの間には地球最大の海である太平洋が広がっている。

太平洋戦争開戦時、まだこの大海を越えて飛ぶ飛行機はなく、アメリカ本土を直接攻撃するには艦船に頼るしかなかった。

昭和17(1942)年、中島飛行機の創立者である中島知久平(ちくへい)は、対米戦争に勝つにはアメリカ本土を脅かす超長距離爆撃機が必要だと考え、これを「必勝防空計画」として中島のスタッフに研究させ始めた。これは中島社内で「Z」と呼ばれたため、研究される仮定の機体は一般に「Z飛行機」という。しかし、この段階でのZ飛行機は量産されるあてもない知久平の夢想の産物のようなもので、軍が本気で相手にしていたわけではない。

Z飛行機は全幅60メートルを超える巨人機で、6発のエンジンを備え、成層圏を飛び20

トンの爆弾を敵基地に投下する。そのまま大西洋をも越えて同盟国ドイツに着陸、補給を受けるともときた道を戻りながら再びアメリカを爆撃、太平洋を越えて日本に帰投するという地球規模の大作戦だった。

どちらかというと当時流行った少年向け読み物に出てくる超兵器に近い代物で、軍はおろか中島社内でもその研究を疑問視する者も多かったようである。

中島知久平

しかし、昭和18年に入りいよいよアメリカ軍の日本本土爆撃が差し迫ってくると、長駆してアメリカの爆撃機B‐29の基地を叩く長距離爆撃機が必要となり、知久平の熱心な訴えかけもあって、陸海軍、軍需省も動き出し、Z飛行機を現実的な飛行機へとすり合わせる作業に入った。これが超重爆撃機「富嶽」と呼ばれる機体である。

しかし、富嶽の開発計画は初手からつまずいた。陸軍と海軍で異なる仕様を要求し、お互いに譲らなかったのである。さらに軍需省に至っては富嶽と同じ規模の機体の設計をな

富嶽（G10N1）

性能諸元【全長】46m【全幅】63m【全備重量】122000kg【武装】20mm機銃×4　爆弾20t［CG: 横山雅司］

ぜか川西航空機に依頼、関係各所がそれぞれ好き勝手に動き始めて計画が迷走したのだ。

そこは妥協案をまとめることでなんとか落ち着かせたが、今度は富嶽に計画通りの性能を出させるためのエンジンがないという問題が浮かび上がってくる。搭載予定の発動機「ハ54」が冷却不足で加熱する問題を抱えており、そのまま載せることができなかったのである。

とりあえずこれは、富嶽に使うには馬力不足の「ハ44」を搭載するということでお茶を濁して設計を進め、最終的には完成しているであろう「ハ54」か、あるいは他社（三菱）のエンジンである「ハ50」エン

アメリカ軍が太平洋戦争中に開発していたB-36ピースメーカー（右）とB-29（左）。富嶽も完成すればB-36と同等の大きさになった。

ジンを搭載するということにして問題を先送りにした。機体の方も空前の巨人機であり、強度はどう確保するのか、成層圏で必要になる気密室はどうするのか、上空の薄い空気を吸入して圧縮するための排気タービンの実用化はどうするのか、といった問題が山積していた。

また、その巨体を支えるには巨大な着陸脚が必要だったが、薄い軽金属製の機体そのものと違い、頑丈に作る必要がある着陸脚は丈夫にすればするほど太く重くなってしまう。着陸脚に付いている車輪も巨大なものが必要だったが、あまり大きいと機体内に格納できなくなってしまう。

これについては、爆弾と燃料満載で機体が重い離陸時は1つの着陸脚に車輪2つ1組で滑走、離陸後に外側の車輪だけ切り離して投棄、燃料を消費し爆弾も投下した後の軽い機体は残りの車輪で着陸できる、という解決案で進めることにした。

しかし、戦局はますます悪化し、敵国を爆撃する前に自国の領土を守るのを優先せざるを得ない状況になってきた。

また、このような巨人機を作る資材もなく、もし富嶽を生産するなら本土を守るための戦闘機の生産に影響が出るという本末転倒な状況になり、昭和19（1944）年の夏には開発が中止されてしまった。

結局、富嶽計画で順調に作業が進んでいたのは、東京三鷹の組み立て工場建設の工事のみだったという。その工場も計画中止に伴って、建設途中で放棄されたようだ。

戦車という兵器はもともと敵の防御線を踏み破り、強行突破することを目的に開発された。つまり突撃する歩兵の障害になる機関銃陣地や大砲を破壊し、障害物を踏み潰して突撃するための進路を開くことがその任務だった。日本軍の戦車もこのコンセプトを継承し、歩兵の支援を行うことを主な任務としていた。

日本軍の八九式中戦車や九五式軽戦車、九七式中戦車などは歩兵とともに前進して支援にあたるというコンセプトのもとに設計されており、装甲が薄い、砲弾の装甲貫徹力が低いなど、いくつか不利な特徴を持っていた。これが表面化したのが満州国の国境線をめぐるノモンハン事件で、日本軍の戦車はソビエト軍に苦戦することになる。

「羹に懲りて膾を吹く」という諺がある。熱い料理でヤケドして、慎重になりすぎて冷た

オイ車

性能諸元【全長】10.12m【車幅】4.84m【重量】150000kg【最高速度】25km/h【武装】150mm砲×1　47mm砲×2ほか［CG：横山雅司］

い料理を冷まそうとする、という意味だ。

ノモンハン事件から約2年後の昭和16（1941）年4月、三菱重工に陸軍の将校が現れ、試作戦車の製造を発注する旨の内示があった。

翌日、三菱の担当者が陸軍の技術本部に出頭すると、すでに書き上げられていた図面377枚と800馬力の大型エンジンの説明書を渡された。

それは日本軍にとって過去に前例のない、分厚い装甲と4つの砲塔を持つ、動く要塞のような超重戦車の設計図だった。ソビエト軍に苦戦した陸軍は、思い切った超強力戦車の開発に乗り出したのである。

その重量は150トンと見積もられた。

これは「特殊車両」とだけ呼ばれ、のちに三菱社内での名称として「三菱特殊車両＝ミト」、陸軍側で「大型（イロハ順で）イ号＝オイ」と呼ばれた。

三菱は実際の製造を担当し、どの部品をどこに発注するかを検討し、不明点を技術本部に問い合わせ、現実の製造能力に合わせて設計変更などを行った。ところが、このオイ車開発計画、当の陸軍サイドに連絡遅れや関係各所のやる気のない態度が見られ、三菱が受領するはずの官給品の部品や資材、図面の到着が遅れ始め、度々三菱側が催促する事態となっている。

それでも、昭和17年2月には車体だけは一応組み立てが終わり、台上に固定しての運転も成功裏に終わった。しかし、実際に地上で短距離を走らせてみると、細かな部品の破損がおき、その都度修理と調整を余儀なくされた。

また、砲塔を完成させるための資材がなかなか届かず、車体だけの状態のまま、延々調整作業をする状況が続いた。

そして、いよいよ造兵廠にて本格的な走行試験を行うため、大田区の三菱重工から相模原まで車体を運ぶ日がきた。実はこの輸送計画もおおごとで、最初は船に乗せて多摩川を遡上する計画だったが、浅瀬が通れず堤防の大工事も必要で断念、重量が重いので田舎道

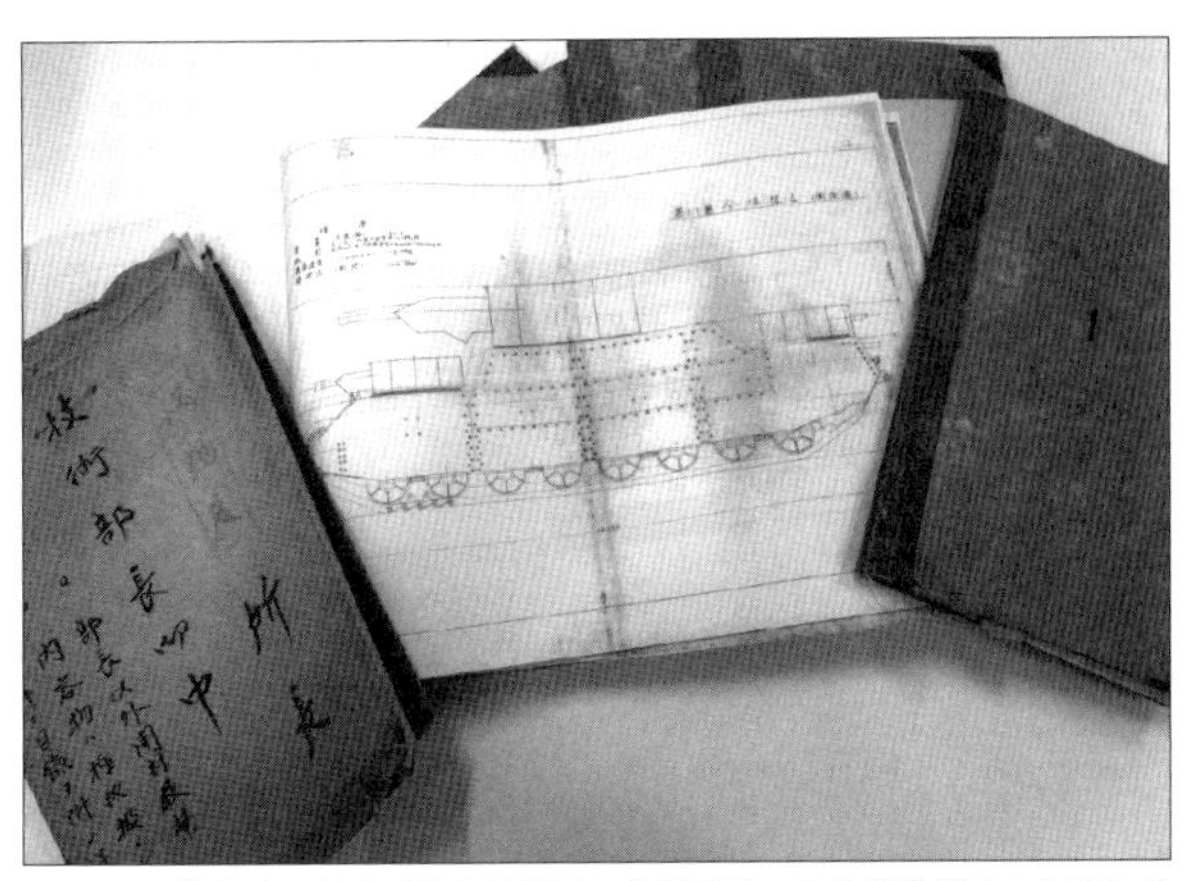
2015年に発見されたオイ車の設計図と作業日誌。この資料が見つかるまで、オイ車の全貌は長らく謎に包まれていた。（写真提供：朝日新聞）

も通れず、結局、車体を一旦分解し、甲州街道を通って輸送することになる。秘密兵器を都会の真ん中を通って輸送するわけである。大型トレーラーを借り受け、補助的な牽引車として砲塔を外した九七式中戦車を同行させた。

車体は部品を取り外し、木枠で四角い箱状に偽装し、何を運んでいるのか一見してわからないようにした。もっとも、その物々しい雰囲気に、沿道の住民はただならぬものが運ばれていることを察していたようである。運搬経路は事前に「偵察」が行われていたこともあり、昭和18年6月には3日がかりで相模造兵廠に到着している。

そこで再組み立てが行われたが、結局、

走行試験の結果は散々だった。

車体は重すぎて道路の舗装を破壊し、ならばと土の上を走らせると地面の抵抗が大きすぎて方向転換も困難、変速機もうまく入らずガリガリと音を立て、そのせいでエンジンの馬力の過不足を試験することすらできなかった。車庫に収める際に転輪1個が脱落、試験後検査すると64個の軸受けのうち32個が破損していた。これは車体が巨大で重すぎ、軟鉄製で歪みが生じるせいであったが、これはまだ車体のみの状態であり、この後二基の小型砲塔と一基の主砲塔、一基の機関銃塔を搭載することを考えると、車体だけの重さにも耐えられずに足回りが崩壊するようでは、もはや先はなかった。

三菱に残された開発日誌ではこの試験の記録以降記述が途絶えており、そのまま開発中止になった模様である。実際のところ、陸軍の監督官もまだ開発中の昭和17年9月には、早々に工場にあった自分のオフィスを三菱に返還して帰ってしまっている。一連の軍の動きを見るに本気で超重戦車を作るつもりは、少なくとも組織全体としてはなかったようである。

オイ車が砲塔を備え、完全な姿でその全貌を現したのは、資料が発見され、それが模型会社の手に渡り、２０１５年にプラモデルとして発売されてからのことであった。

現在の戦艦のルーツとされるのはアメリカの南北戦争で使われた、北軍のUSSモニターだといわれている。モニターは全長50メートルほどの中型戦闘艦だが、船体の上部構造が鉄板で覆われており、2門の大砲を収めた砲塔を回転させることができた。これは木造船の側面に大砲を並べた旧来の戦闘艦より優れており、以降に大きな影響を与えた。

第二の革命的戦闘艦は1906年にイギリスで建造されたドレッドノート級戦艦である。ドレッドノートは新型機関による高速性、大口径の主砲塔を一律運用できる射撃指揮装置を持ち、敵の有効射程外から一方的に攻撃できた。「ものすごいもの」を表現するのに「超弩級」という言葉があるが、これは「ドレッドノート級を超える戦艦」というのが本来の意味で、そのような言葉が生まれたことからもわかるように、ドレッドノート級の出現は

北軍のUSSモニター（左）とイギリスのドレッドノート（右）

当時の先進国に凄まじい戦艦開発競争を巻き起こした。

そのような競争に巻き込まれた国の一つが日本である。日本でも超弩級戦艦を建造する必要に迫られ、大正3（1914）年に完成したのが戦艦「扶桑」である。それまで戦艦をイギリスに注文して作らせていた日本海軍は、この扶桑を持って超弩級戦艦の国産化に成功した、いわば記念碑的な戦艦である。

もっとも、それが故に設計に未熟なところが多々あった。とにかく強力な攻撃力を持たせようと当時としては最大級の35・6センチ砲を2門備えた砲塔を6基、計12門もの主砲を装備させることにしたが、問題は設置する場所である。6基の砲塔は艦橋の前に2基、煙突と煙突の間、煙突と後部艦橋の間、後部艦橋の後ろに2基と、艦全体に散らばるように配置されていた。

これらが艦橋の測距と指示によって、一斉に火を吹いて敵艦を破壊するというのが扶桑の運用の特徴なのだが、実際に建造して主砲の斉射をしてみると、艦全体を覆う爆風によって艦橋が破損、

戦艦「扶桑」

性能諸元【全長】210m【全幅】33.1m【排水量】35300t【最大速度】24kt【武装】35.6cm砲×12（連装砲×6）15.2cm単装砲×14ほか（※改装後）

爆煙に覆われて次弾が撃てないという、とんでもない欠陥があることが判明する。さらに、発射の衝撃で船体が歪み、照準が不正確になるというおまけまでついてきた。

そのほかでは、全長200メートルを超える大型戦艦の割に馬力が弱く、最大速力が22・5ノットしか出ず、ほかの戦艦について行けないという問題もあった。また、上面の装甲が薄く、真上から落ちてくる砲弾にやられる危険があった。

つまり扶桑は走攻守あらゆる面で問題を抱えていたのである。そのため昭和に入ると、艦影が激変するほどの大規模な近代化改修を2回に分けて受けることになる。

もともと古くて基本設計に未熟なとこ

大規模改装を受ける前の「扶桑」

ろがある艦を、無理やり新鋭艦について行ける戦艦に改修しようとしたせいか、改修後の「扶桑」はなんとも特徴的な姿となった。
　機関、射撃指揮装置は新型のものに交換、砲塔は改良し、2本あった煙突は1本にまとめたが、何より特徴的なのは艦橋を大幅に増築したことである。これはより観測機能を高め、遠距離の観測、測距をできるようにしたためで、この異様に高い艦橋のために、扶桑の水面からの高さは50メートル以上もあった。
　また、艦橋後ろの砲塔（三番砲塔）を前向きに設置したため、砲の動きを邪魔しないように艦橋がくの字に曲がって空間を確保している。これが同型艦「山城（やましろ）」と見分けるポイントとなっている。

海軍の戦艦。手前から山城、扶桑、榛名。

このように異形の姿となった「扶桑」だが、太平洋戦争時点での戦艦としての性能は平凡としか言いようがなかった。真珠湾攻撃など初期の重要な作戦にいくつか参加したものの、もともと戦艦同士が撃ち合うような派手な艦隊決戦自体がなかったため、やがて第一線から退く。

しかし、戦争末期に戦力が払底した海軍は旧式戦艦でも使わざるを得なくなり、フィリピンに向かう艦隊に加わるも、スリガオ海峡を航行中にアメリカ軍の襲撃を受け、駆逐艦の放った魚雷が命中し落伍、やがて船体が真っ二つに折れて沈没した。

戦場が混乱していたらしく、記録によって大爆発したとも、静かに沈んだともいわれる。生存者はわずか数名であった。

大和型戦艦

【巨大戦艦は最先端か時代遅れか】

大日本帝国海軍

「扶桑」の項でも説明した通り、戦艦の基本形が完成すると、今度はより大きな艦により大きな大砲を載せるという競争に発展していく。敵の戦艦より射程距離が長い艦を建造すれば敵艦を一方的に攻撃できるし、射程距離が長い砲は必然的に巨大になる。巨大な艦砲を載せるには巨大な艦でなければならない。

このように巨大な艦と砲を重視する思想を「大艦巨砲主義」という。

世界の先進国ではこの思想に基づいて次々に巨大戦艦が建造された。

だが、巨大戦艦の建造競争はあまりに不毛な軍事費の浪費であり、一時は軍縮条約で抑え込まれるものの、結局は各国の利害がぶつかり合い条約は消滅、無制限に戦艦を作る時代に逆戻りする。どれも全長200メートルを超える巨大な艦で、その国の海軍力を象徴

戦艦「大和」

性能諸元【全長】263m【全幅】38.9m【排水量】72800t【最大速度】27kt【武装】46cm砲×9ほか機銃及び高角砲多数（時期により搭載数が異なる）

する存在であった。

そして日本を代表する巨大戦艦といえば、戦艦「大和（やまと）」である。

大和型戦艦は「大和」と「武蔵（むさし）」の2隻が建造された。全長263・4メートル、口径46センチの主砲が9門。排水量（その船が浮かんだときに押しのけた水の重さ＝船の重さ）、主砲の口径では実際に建造された戦艦では現在に至るも〝世界最大の戦艦〟である。

この大きさは、意外なことにパナマ運河の門の幅と関係がある。

運河を通じて太平洋と大西洋を行き来するアメリカ軍戦艦は運河を通れる幅より小さい戦艦しか作れないため、装備する大砲は最大でも口径41センチほどだと見積もられた。これに勝てる砲として46センチ砲と、それを載せられる戦艦の大きさが導き出されたのである。

さて、非常に有名な大和と武蔵だが、実際にどのような活躍をし、どのような戦果を挙げたかご存知だろうか。

実は大和も武蔵も、〝華々しい戦果〟といえるほどの活躍はついにできなかった。

大和が実際に砲撃戦をやったのは1回だけ（昭和19年10月25日、サマール島沖で米軍護衛空母艦隊と交戦）で、戦果は駆逐艦1隻を他艦との共同で撃沈したのがすべてのようだ。武蔵に至っては敵艦を主砲で撃ったことすらないといわれている。

大和型戦艦は大艦巨砲主義の極致として完成したが、その頃には既に海戦の帰趨を決するのは航空機となっていた。真珠湾でアメリカ戦艦を、マレー沖でイギリス戦艦を航空攻撃で撃沈し、大艦巨砲主義の時代を終わらせた日本海軍が、その象徴として大艦巨砲主義の権化を崇め奉っていたのは皮肉ではある。

巨大すぎて運用コストが高く、使い所があまりない大和と武蔵は後方で待機することが多く、士官用の設備が豪華なのもあり「大和ホテル」「武蔵御殿」と揶揄された。実際、一般兵卒用の大量に調理する飯とは別に、士官用のご馳走を調理する専任のコックがいた

現在に至るも世界最大の主砲を有した戦艦「大和」

戦艦「武蔵」の甲板で体操をする乗員たち

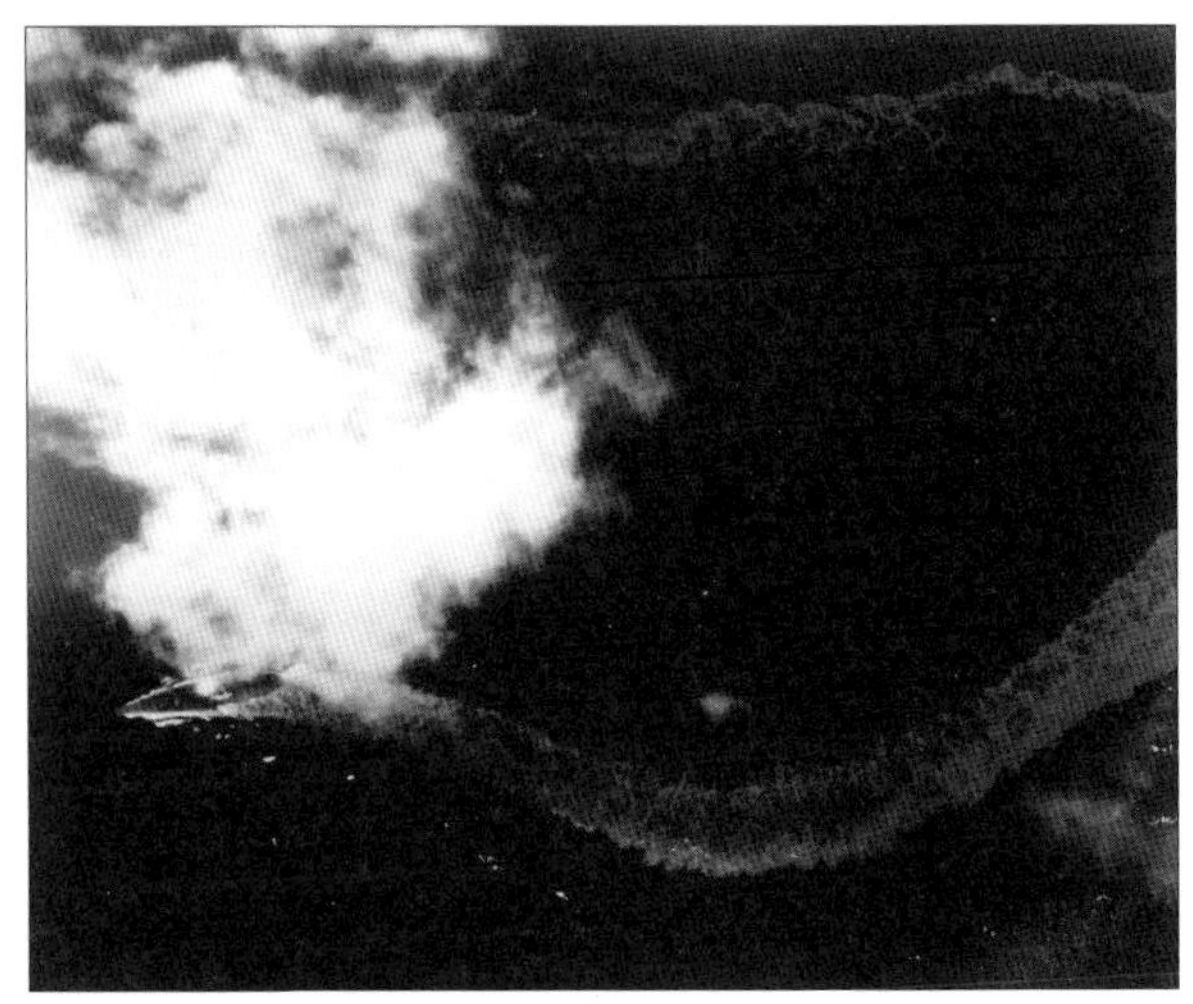

昭和20年4月7日、沖縄に向かう途中の坊ノ岬沖で米軍空母艦載機による爆撃を受け、回避行動をとる「大和」。激しい爆撃を浴び、大和は撃沈した。

という。

大和型戦艦の戦歴については、あまりにたくさんの書籍が発売されているので詳しくは触れない。結局のところ大和も武蔵もとうとう敵戦艦と対決することはなく、航空攻撃によって沈められている。これは世界の戦艦全般がそうで、ドイツの戦艦テルピッツも活躍の場がなく潜伏中に爆撃を受け沈没、イタリアの戦艦ローマも同盟国ドイツを裏切り逃走中に誘導爆弾フリッツXに撃沈されている。

もはや第二次大戦期には戦艦の行動には航空機の援護が必要不可欠に

なっており、そもそも敵艦への攻撃自体航空機が行えるため、戦艦の出番はなかった。大和が未だに世界最大級の戦艦なのは、より巨大な戦艦を新造する必要がなかったためである。

ただ、船としてみた場合の大和は先進的な部分もあり、特にSFアニメ「宇宙戦艦ヤマト」で「艦首の丸く出っ張った部分」として描かれた球状船首（バルバス・バウ）は、実在の大和でも重要な特徴である。これは波ができるときに船体の前進を邪魔しようとする「造波抵抗」を軽減するための構造で、球状船首のない他の戦艦に比べ、より少ない抵抗で前進できた。

バルバス・バウは軍艦のほか、経済性が優先される貨物船で有効な構造であり、日本の造船業が戦後に一気に復活できたのも、造船業界が戦時中にこのような工夫を凝らす経験を積んできたことが大きい。

【空母部隊の先駆け】

空母「鳳翔（ほうしょう）」

大日本帝国海軍

第一次大戦時に兵器としての飛行機が飛躍的に発達し、色々な任務に使われ始める。しかし、飛行機には戦車や戦艦にはない弱点があった。すなわち、使用するのに必ず飛行場が必要という弱点である。

作戦を実施するには、飛行場に着陸することを前提に行動し、絶えず燃料切れに注意をしなければならない。ことに海上で行動する場合、燃料切れはすなわち遭難である。そのため初期の頃には海上では水上機や飛行艇を使うことが多かった。海上で母艦となる水上機空母に水上機を搭載し、カタパルト（射出装置）で打ち出したり、クレーンで降ろして運用していた。しかし、大きな浮きを付けた水上機は身軽さで陸上機に劣るため、なんとか通常の戦闘機を海上で使える工夫が必要だった。

空母「鳳翔」（大正13年）

性能諸元【全長】179m【全幅】18.9m【排水量】10797t【最高速度】25kt【武装】14cm単装砲ほか【総搭載機数】19機

実のところ、その答えは第一次大戦前にはすでにアメリカでの実験によって発見されていた。

海上には風が吹いている。船は航行している。すなわち風上に向かって全速で航行すれば、合成風力によって艦上に強い向かい風が吹くことになる。これを翼に受ければ、かなり短い滑走路でも離着陸できる。このグレン・カーチスとユージン・エリィの実験（1910年）により、航空母艦が実現できることが証明されていたのである。

もっとも、実際に空母を建造するにはかなりの試行錯誤が繰り返された。

巡洋艦に簡易な飛行甲板を取り付けただけで、艦載機の発艦はできるが着艦ができ

建造当初の鳳翔（左）と大正12年の発艦着艦試験の様子（右）

ない艦も存在した。艦尾から艦首まで飛行甲板がある全通飛行甲板という正解にたどり着くまでに、何度も改装を繰り返した艦も存在する。

そして他の用途の艦を改装するのではなく、最初から空母として設計、建造される艦がついに現れる。それを世界で初めてやったのは、他ならぬ日本海軍だった。

これが鳳翔である。完成は大正11（1922）年のことだった。鳳翔は全長が168メートルであり、決して小さな艦ではなかったが、飛行機を運用するにはギリギリの大きさだった。そのため、完成後も度々改装され、艦容が幾度も変わっている。

最初期の姿と後期の姿でもっとも大きな違いは飛行甲板中程にあった艦橋と煙突を飛行甲板から撤去したことで、艦橋は甲板下に移設、煙突は最初、飛行機の運用の際に邪魔にならないように外側に折りたたまれる構造だったが、これは重く複雑で、後に最初から下向きに屈曲した煙突に換装された。これにより飛行甲

終戦時の鳳翔。戦後は輸送船として復員兵を運んだ。

板が広くなった。

初めての発艦着艦試験が行われたのは大正12年のことである。この時の搭載機は日本海軍の三菱一〇式艦上戦闘機であった。大正時代の戦闘機であり、姿は古風な複葉機、設計はイギリス人技師によるものだった。また、日本初の空母での発艦、着艦を行なったのも、三菱に招かれていたテストパイロットで、イギリス海軍のジョルダン大尉である。大尉は初の発艦着艦にかけられていた懸賞金1万円（1万5000円、5万円という説も。いずれにせよ当時としては大金である）目当てにこれを行ない、見事に成功した。

その1ヶ月後に日本人パイロットの吉良俊一大尉が挑戦している。悪天候の中、乗機が着艦に失敗して落水するも、代わりの機体にすぐに乗り込み試験再開するなど奮闘、日本人で初めて空母に着艦した男となった。

ちなみにジョルダン大尉は腕はいいが傲慢で鼻持ちならない自信家だったそうで、吉良大尉が闘志を燃やしたのはジョルダン大尉に腹を立てていたからだという逸話がある（戦時中の本に紹介された逸話であり、事実であるかどうかは不明）。

ともかく、実際に離着艦が可能になったことで空母の運用試験が進み、問題点のあぶり出しと改良が大きく前進、のちの連合艦隊空母の礎となっていく。

もっとも、空母としては小型で、重量の大きい新型機を搭載できない鳳翔は、太平洋戦争では中心的な戦力とは言いがたく、補助的な護衛任務をこなしたのち、練習空母として瀬戸内海で後進の指導にあたった。

結局、鳳翔は最前線で戦うことはなかったが、それ故に戦争を生き延び、戦後は復員兵の輸送に活躍している。

【混迷の三段空母】
空母「赤城(あかぎ)」

「鳳翔」の項にあるように、空母の開発は試行錯誤の歴史であり、なかなか正解の形が見出せず、何度も改装を受けた艦もある。

鳳翔のように初めから空母として建造されたものが現れる前は、巡洋艦と空母の交配種のような奇妙な艦も存在した。本来であれば鳳翔の完成によって空母の正解の形状は定まりそうなものだが（ただし、鳳翔自体まだ改良の余地のある艦だったが）、実際にはそうはならなかった。

鳳翔がまだ建造中だった大正11（1922）年、ワシントン軍縮会議が開かれ、軍縮条約が締結される。これにより各国が保有できる戦闘艦の上限枠が定められ、その影響で建造中の艦の中に枠に入れず完成できない艦が現れる。巡洋戦艦の「赤城」と「天城(あまぎ)」である。

そこで赤城と天城は、まだ枠のあった空母に改装されることになる。ところが、2艦のうち天城の方は、建造中に関東大震災で被災し破損、解体処分となってしまう。この穴はのちに戦艦を改装して空母とした「加賀」が埋めることとなる。

赤城は巡洋戦艦から大改修を受けて空母となるが、ただでさえまだ空母の設計技術が未熟な時代に、なおかつ鳳翔と異なり巡洋戦艦を大改造して作り直した艦である赤城には、数々の未成熟な点があった。

まずそもそも初期の赤城は、のちに真珠湾攻撃に参加した際の姿とはまったく違った異様な姿の艦だった。

艦の上部構造は三段に分かれており、「三段空母」の異名をとった。最上段は飛行甲板で、艦載機の発着艦が行われた。この飛行甲板は当時の軽くて小さい艦載機に対応して、比較的短いものだった。二段目には艦橋や砲塔があった。赤城には20センチ砲の連装砲塔が2基、単装砲塔が6基も装備されており、空母でありながら巡洋艦並みの武装が施されていた。これも空母の運用方法が確立しておらず、手探りの中で装備されたもので、あまり使用されずのちに連装砲塔はおろされている。

三段目は中段艦載機格納庫とその先端の艦首に開いた開放部分であり、小型機であれ

空母「赤城」（三段空母時代）

性能諸元【全長】261m【上段滑走路長】190m【中段滑走路長】15m【下段滑走路長】56m【搭載機数】72機【武装】20cm砲ほか多数

ば格納庫からこの開放部分を抜けて艦首から発艦することができた。ただし着艦はできないため、降りる際は最上段の甲板を使う必要がある。煙突は発着艦の邪魔にならないように艦右舷に屈曲煙突が取り付けられた。煙突は重油を燃料とする缶（ボイラー）と、重油と石炭を燃料とする混焼缶の2種類のボイラーに合わせて2本装備され、重油用が下、混焼用が上向きに取り付けられていた。

　重油専用缶の大型の煙突は高温の排気と黒い煤煙が乱気流発生と視界不良の原因とならぬよう、汲み上げた海水を冷却水として煙突に噴射し、排煙を冷やし煤を洗いながら排出していた。このため航行すると滝のように水を落下させていたという。港には左舷から接岸するというルールがあり、左舷に煙突を設けると岸壁に煤煙と冷却水の雨を降らせてしまうため、右舷に煙突を設けたのである。混焼缶の方は蒸気機関車のごとく煙を巻き上げるため、発着艦時には止められていたようである。下向きに排出された排煙が居住区画に入り込み、熱と排煙で居住環境は最悪であった。

このように洗練されていない部分が多々あった赤城だが、より発達した重い機体を運用するためには飛行甲板は短すぎるとして、昭和10（1935）年から3年かけて改装工事を受けた。三段だった甲板は一段の全通飛行甲板になり、その260メートルの巨体を活かせるようになった。ボイラーも重油専用缶のみに改良され、煙突も新しいものに交換された。また、飛行甲板左舷側に小型の艦橋を設置して、指揮を取りやすくしている。これは右舷の煙突位置を避けたものだが、プロペラの回転トルクから左を向きやすいプロペラ機にとっては、少々着艦がやりにくかったようである。結局、居住性の悪さは改善しなかったようだ。

改装後の赤城は真珠湾攻撃の機動部隊に参加して活躍、ミッドウェー海戦で大破し、味方の攻撃により自沈処分されたのは、もはや語るまでもない有名なエピソードであろう。

全通飛行甲板に改装後の「赤城」

巡洋艦「霧島」（左）と「赤城」（右）

昭和17（1942）年、インド洋に向かう「赤城」

【大陸間攻撃兵器の元祖？】

風船爆弾「フ号」

大日本帝国陸軍

自国にいながらにして敵国を攻撃する兵器は、戦争遂行者にとって長い間の夢であった。敵国と国境を接しているならまだしも、海で隔てられた外国を本土から直接攻撃するのは困難で、侵攻するなら味方の犠牲や兵站のコスト激増を覚悟せねばならなかった。日本でもアメリカを攻撃する方法が研究されていたが、いかんせん太平洋は広い。当時の技術では太平洋を横断する無人兵器の開発など到底不可能、のはずだった。

それが可能となる発見がなされていたのが戦前の1920年代のことである。気象庁高層気象台の観測によって、対流圏上層に非常に強力な偏西風が吹いていることが確認されたのである。これは後に〝ジェット気流〟と呼ばれることになる。この発見は画期的なものだったが、これをエスペラント語（世界共通語として人工的に開発された言語）で発表

風船爆弾「フ号」
性能諸元【直径】10m【搭載爆弾】12～15kg爆弾及び焼夷弾3発～4発

したため注目を集めず、世界では知られることはなかった。

また、気球を兵器として使う研究も戦前から行われていた。日本軍の航空機開発自体が明治時代の気球研究からはじまっており、軍と気球の縁は意外に長いものだった。そのため昭和8（1933）年頃にはすでに気球の材料として「コンニャク糊で和紙を貼り合わせた特殊な用紙」が開発されていた。

コンニャク粉を糊とする方法は明治時代にも試作されたが、その時は重くなりすぎる上に加工工程が複雑すぎて失敗、糊状のゴムを布に塗布する方法が採用されている。現在のような薄くて柔軟性のある素材がない当時、中に詰めたガスが透過しにくい素材を得るのは大変で、ドイツの飛行船などは牛の腸を何万頭分も切り開いて貼り合わせて気嚢（きのう）を作るなどしていた。紙製気球はその後改良され、気象観測などに使われていた。

昭和18（1943）年、アメリカ本土を攻撃する方法を模索する陸軍に、中央気象台の荒川秀俊技師から爆弾を搭載した気球を放ち、ジェット気流に乗せてアメリカ本土を爆撃するという構想案が提出される。当時は風船爆弾とは呼ばれておらず、海軍の類似の計画とともに「ふ号兵器」「富号試験」などと呼ばれていた。

アメリカ本土爆撃用の長距離風船爆弾を開発する上で問題になったのは、何よりも気球の材料である。

柔軟性のあるゴム気球は太陽光で熱せられるとどんどん膨らむが、そのまま偏西風が吹く高度より高く登ってしまう可能性があった。また、ゴムは貴重な戦略物資であり、大量に使い捨てるのは問題だった。そこで陸軍開発のふ号では柔軟性のないコンニャク糊と和紙製の気球が採用されるが、今度は柔軟性がないが故に昼夜の寒暖差が30度を超える高空では、気球内のガスが熱により激しく膨張と収縮を繰り返し、膨張時には破裂、収縮しすぎると浮力も落ちて墜落の可能性があるという問題が出てきた。

【左】風船爆弾の全景【右上】高度調整装置【右下】重りを投下するところ

そこで、気球本体に特殊な弁を設け、内圧が高くなりすぎるとガスが抜けて圧力を調整し、逆に高度が下がり外部の気圧が上がると気圧計がこれを感知し、重りを吊り下げている紐を切断して捨て、高度を維持する設計になっていた。

高度の回復は重りを捨てることでしかできないため、おおよそ2晩が空中に浮いていられる限界であり、この時間内に北アメリカ大陸に到着する必要があった。ふ号には5キロの焼夷弾4発と15キロの爆弾もしくは焼夷弾1発が吊り下げられており、アメリカ上空に来たあたりで落下、

アメリカのネバダ州ニクソンで発見された風船爆弾

気球は自爆する。
その生産には高さのある広い空間が必要なため、国技館や宝塚劇場などが工場として徴用された。製作にあたったのは主に女学生であった。
約9000発ものふ号が放たれ、その生産のため日本の食卓からコンニャクが消えたといわれているが、戦果は今ひとつでアメリカに到達できたのは10パーセントほどだった模様である。これらは各地で山火事を起こしたほか、民間人6名を死亡させる爆発事故を起こしている。
作戦は気流が強くなる冬季を狙い、昭和19年の秋から20年の春まで行われたが、戦果が不明だったことと季節が不適になったことで中断、その年の夏に終戦となり、風船爆弾はそれっきり消えてしまった。

「飛行機のエンジンとプロペラをどこに載せるか」

この問題は、飛行機というものが生まれて以来、多くの発明家や設計者を悩ませてきた。主翼にエンジンとプロペラを取り付ける双発機などは別にして、胴体にエンジンやプロペラを取り付ける単発機の場合、プロペラが付くのは多くの場合、胴体の前端か後端ということになる。

前端にプロペラをつけて機体を引っ張る方式を「牽引式」、機体の後端にプロペラをつけて押す方式を「推進式」といい、それぞれに利点と欠点がある。単にプロペラ機の動力として有利なのは牽引式で、多くの大戦時の戦闘機や現在の民間の小型機も牽引式である。

しかし、戦闘機として見た場合、牽引式には「機首に機銃を設置するのに、プロペラの回転と機銃の発射タイミングを同調させるプロペラ同調装置が必要（何も工夫せずにそのまま機銃を撃ったら自機のプロペラを撃ち飛ばしてしまう）」「空冷エンジンを使う場合、どうしても機首が太くなり空気抵抗が増す」などの欠点があり、これに対処できれば同じ馬力のエンジンでもより速度がアップし、攻撃力も向上した新戦闘機を作り出すことができる。

海軍の鶴野正敬（まさよし）技術士官はこれを解決するアイデアとして「エンテ翼機」を提案する。エンテ翼機とは通常の牽引式プロペラ機と機体の構成が真逆になった機体で、プロペラは胴体後端、通常尾翼がある位置に主翼があり、尾翼の代わりになる先尾翼（カナード翼）が機首付近についている。

機首にエンジンとプロペラがないので、先端を流線型に整え空気抵抗を減らし、同調を気にせずに自由に機銃を取り付けられる。また、先尾翼は揚力を発生させるのでその分、主翼をやや小さくでき、全体にコンパクトな機体にすることができた。

この機体はJ7W1として開発が進められ、名称を〝震電〟という。エンジンは2000馬力級のハ43、武装は30ミリ機銃4門という、まるで対戦車用の対地攻撃機のような重武装である。

局地戦闘機「震電」
性能諸元【全長】9.765m【全幅】11.114m【全備重量】4950kg【最高速度】750km/h【武装】30mm 機関砲×4　60kg 爆弾×2

だが震電が撃つのは戦車ではなく、敵の重爆撃機である。震電の開発中にアメリカ軍の爆撃が激化、特に高性能重爆撃機B-29は機体が頑丈で防御用機銃を12門も備え、酸素の薄い高高度でもエンジンの馬力が落ちない排気タービンを持ち、並みの戦闘機では撃墜が難しい難敵だった。あまりにも撃墜が難しいため、B-29に対する特攻作戦すら行われていた。B-29を倒せる戦闘機が絶対に必要で、その有力な候補の1つが震電だったのだ。

しかし、震電はその類例のないエンテ翼機という構造故に、解決しなければならない問題がいくつかあった。

まず、空中で被弾し機体から脱出する時

に、機体後部のプロペラに巻き込まれる恐れがある。当時の戦闘機の大半には射出座席はなく、パラシュートを抱えて座席から這い出さなければならなかった。この問題はプロペラを爆砕ボルトで固定し、脱出時にはプロペラ基部を爆破してプロペラを飛散させることで解決した。

機体内部に搭載された空冷エンジンをどう冷却するかも問題だった。一応外部の冷たい気流を吸い込む吸入口と冷却ファンは装備されていたが、本当に冷却不足の問題が起きなかったのかは、今ではもうわからない。

その他のエンテ翼機特有の問題は試験飛行時に表面化した。鶴野技官自らの操縦によって離陸しようとしていた震電は、エンテ翼機の操縦に慣れていない鶴野技官が機首を上げすぎたためにプロペラが滑走路に接触し、破損事故を起こしてしまう。後部にプロペラがあるため機首上げ姿勢が取りにくいというのはこうした形状の機体共通の欠点で、離着陸時に機首上げ姿勢をとる必要がある飛行機にとって、見過ごせない問題点だった。

結局、震電は3回の簡単な試験飛行をしただけで終戦となり、戦争には間に合わなかった。どの程度の実力があったのか、それももうわからない。

現在では機体の一部がアメリカの博物館に保管されているのみである。

さまざまな角度から見た震電。特徴のある構造をしている。

　夜間戦闘機の任務は、敵爆撃機の夜間爆撃から自国の領土を守ることである。
　第二次世界大戦が始まってしばらくの間、夜間戦闘機は基本的には通常の双発戦闘機や軽爆撃機を改造して作られることが多く、急造機という印象は否めなかった。日本軍の夜間戦闘機「月光（１２８ページ）」からしてもとは偵察機であるし、ドイツのＢｆ１１０夜戦型ももとは双発戦闘機、イギリスのモスキート夜戦型ももとは軽爆撃機だった。
　そんな中、ドイツでは連合軍の度重なる無差別絨毯爆撃に対抗するため、最初から夜間戦闘に特化した専門の戦闘機が開発される。ハインケルＨｅ２１９〝ウーフー（ワシミミズク）〟である。ウーフーは設計段階から夜間戦闘用に開発されており、夜間でも周囲を警戒しやすいように視界が良好なキャノピーにレーダーも装備しており、夜間戦闘機とし

夜間戦闘機「電光」

性能諸元【全長】14.25m【全幅】17.5m【全備重量】10180kg【最高速度】555km/h【航続距離】1600km【武装】30mm 機銃×2　20mm 機銃×4ほか

ては速度も速かった。

　ウーフーには、テスト飛行中の初期生産型1機が敵爆撃機接近の急報を受けて急遽出撃、イギリス軍のランカスター爆撃機を一度に5機も撃墜するというエピソードがある。暗闇の空という特殊な環境では、そこでの戦闘に特化した機体を用意すれば大活躍できる可能性があったのだ。

　昭和18（1943）年の夏頃、成層圏に近い高空を飛ぶ大型爆撃機B－29実戦配備近しの報を受けた海軍は、愛知航空機に対し夜間戦闘専門の双発夜間戦闘機の開発を命じる。

　これが夜間戦闘機「電光」である。

電光はウーフーの様な夜間戦闘専門の機

ハインケルHe219〝ウーフー〟

体となるはずだったが、ウーフーの開発と比べて、厄介な問題を解決する必要があった。すなわちウーフーの主敵が比較的旧式のランカスターやB‐17であるのに対し、電光が倒さねばならないのは、「スーパーフォートレス（超空の要塞）」と呼ばれる当時世界最新鋭のハイテク爆撃機B‐29である。

まず問題なのが、そもそもB‐29が飛行する高度1万メートルでこの爆撃機に追いつくには、エンジンの過給機の性能を上げなければならないことだった。

日本機の多くはここでつまずき、B‐29に追いすがることすらできないという問題を抱えていた。これは金属材料の不足や技術不足で排気タービン過給機をなかなか実用化できなかったためで、電光もこの壁にぶち当たってしまった。

この問題については、排気タービンを諦め、液体酸

横から見た「電光」。残された資料は少ない。

素ボンベから直接酸素をシリンダー内に噴射する特液噴射方式を採用した。これだけでも開発の相当な苦労がうかがわれるが、実際に運用する軍としては必要な機能はなんでも欲しくなり、その武装も盛り込み過ぎなものとなる。

まずレーダーは当然欲しかったが、ドイツ夜戦の様に鹿の角型レーダーを機首に突き出していたのでは空気抵抗がありすぎるので、機首のレドーム内に収める様にした。機首の武装は30ミリ機銃2門、20ミリ機銃2門、さらに胴体上側には遠隔操作式の連装20ミリ機銃の旋回銃塔が設置され、やはり胴体上部にある半球形の偵察員席の窓から覗きながら撃つことができた。この偵察員席の窓、上下に稼働する構造になっていて、必要がある場合は持ち上がって視界が広がる構造になっていた。

しかし、これらの機能を欲張ったせいで機体重量が計画より大幅に超過、総重量が10トンに達してしまう。同じ双発夜戦の月光が7トンほどだったことを考えると、電光はその上に乗用車を2台載せているレベルの重量である。これではとても計画通りの飛行性能はおぼつかない。それどころか爆装したままで飛び立てるかどうかも不安で、使い捨ての翼を離陸時に翼端に装着し、一時的に翼面荷重を下げる計画すら検討されたそうである。

散々軍が要求した欲張りな新機能であるが、結局、それがもとでとても実用化できないと判定され、電光の開発は中止されてしまう。

中止指示が生産開始後だったため、試作機2機が一応生産されたものの、どちらも完成前に爆撃によって破壊され、ついに電光は一度も飛ぶことはなかった。

【超兵器の夢と現実】

殺人光線「Z装置」

大日本帝国海軍

「電波兵器」と聞くといかにもSFチックな響きがあるが、実際には電波兵器とはレーダー全般を指す。

レーダーは探索したい方向に向けて電波を発射し、物体に跳ね返って戻ってきた電波を探知することで、敵の有無や現在位置を把握する装置である。レーダーがない時代、例えば敵の飛行機の接近を感知する方法は視力に頼って双眼鏡で覗いたり、大聴音機と呼ばれる巨大な聴音機で遠くから聞こえる微かなエンジン音を捉えるしかなかった。

しかし、視力に頼っていては見つけたときには手遅れになりかねないし、音は届くまでに時間がかかるので、測定した位置と敵の現在位置にタイムラグからくるズレが生じてしまう。

しかし、レーダーにはそれらの欠点はなく、機器の性能によってはかなり正確に敵の位置を測ることができた。当然レーダーの研究は先進国で盛んとなる。当時特に研究が進んでいたのはイギリスである。これは実用的な「マグネトロン」の開発に成功したためである。マグネトロンは周波数の高い電波であるマイクロ波を発生させる装置で、これを使えば解像度の高いレーダーが作れる。

実は日本でも、このマグネトロンの研究は行われており、学術的には世界に負けないほど研究が進んでいた。しかし、その技術を応用してレーダーを作るという研究には消極的で、国産マグネトロンを使いやっと完成した二号二型電波探信儀は双眼鏡を持った監視員の肉眼より当てにならなかった。ついに戦争が終わるまでに、イギリスやアメリカのレーダー技術に追い付くことはできなかった。

もう1つ、マグネトロンのおかげで実用化できた機器がある。電子レンジである。電子レンジはマイクロ波を食品に当て、そのエネルギーで加熱させる。マイクロ波自体が熱いわけではなく、電波によって食品の分子を振動、加熱させるのだ。この性質を兵器に応用しようと画策した海軍は、このマイクロ波兵器が迫り来る敵の爆撃機を破壊する防空兵器として使えると考えていた。昭和17（1942）年頃のことである。これを「Z装

殺人光線「Z装置」

詳細不明も実験データによれば殺傷力はある模様［CG：横山雅司］

置」または「殺人光線」と呼ぶ。たしかに強力なマイクロ波を敵機に浴びせれば、エンジン、電装系など重要な機器類は次々に破壊され、撃墜することができるはずだ。

もちろん現実的にはこんな空想科学小説みたいなことをせず、イギリスの防空システムや、ドイツのウルツブルグ防空レーダーのように、敵爆撃隊を捕捉後、味方戦闘機を誘導したり、対空砲の照準システムにレーダーを組み込む方が効果的である。日本の防空レーダーシステムの研究もそちらの方向には向かっており、ドイツのウルツブルグレーダーを仔細に研究している。

しかし、一方でまだ新しい技術だったマグネトロンには未知の可能性があるかもしれず、また他国でも殺人光線が研究されているという噂は絶えなかった（実際イギリスの防空レーダーは、それ自体がマイクロ波兵器だと信じているイギリス国民もいたようである。また、ドイツでもマイクロ波兵器が研究されていたこと自体は事実である）。

海軍は静岡県島田市牛尾に電波兵器の実験所「第二海軍技術廠牛尾実験所」を設け、ここにパラボラアンテナを据え付けて、マイクロ波を放射する実験を始めた。予算規模は現代の貨幣価値で30億円相当といわれており、決して一部科学者の暴走というわけではないようである。

もっとも、その研究方針は「大出力のマイクロ波を放射する装置を作る」といった大まかなものにすぎず、それがどのような効果を示すかは作ってみてからのことだった。しかし、結局「殺人光線」は完成せず、代わりに敵爆撃機にマイクロ波信号を照射し、味方の高射砲弾がそれを感知すると敵の至近で爆発するという「A装置」の研究へと次第に切り替わっていった。

結局、終戦に伴い「A装置」も完成しないまま終わった。しかし、若手研究者をこの研究に大量に動員したことが、皮肉というべきか戦後日本がエレクトロニクス大国になる礎の一つとなるのである。

牛尾実験所の跡地（島田市『第二海軍技術廠牛尾実験所跡遺跡』より）

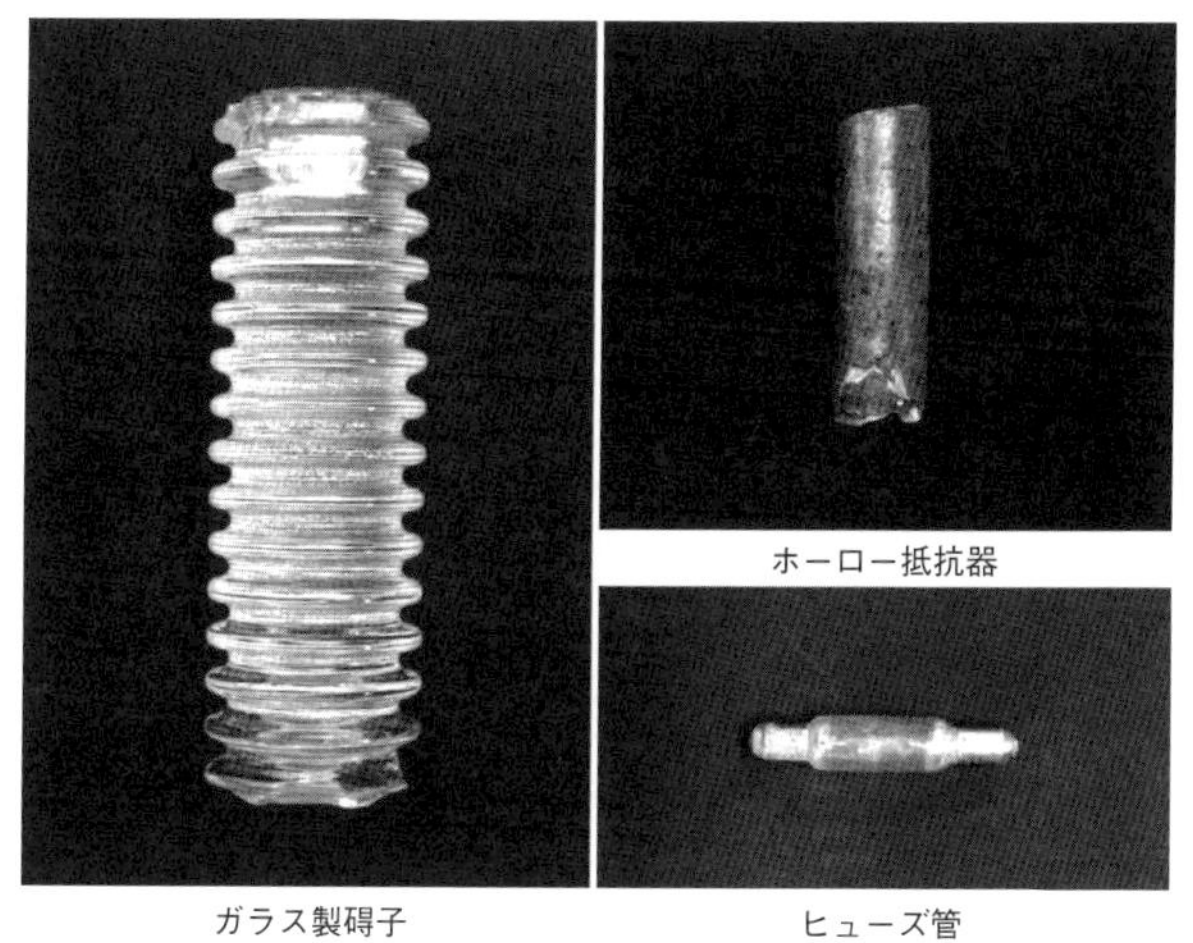

ガラス製碍子

ホーロー抵抗器

ヒューズ管

実験所跡地の出土品（島田市『第二海軍技術廠牛尾実験所跡遺跡』より）

コラム　その2
帰ってきたブルドーザー

昭和17（1942）年、北太平洋の孤島ウェーク島を占領した日本海軍は、撤退したアメリカ軍が残していった、奇妙な作業機械を発見する。

一見、履帯（キャタピラ）が付いたトラクターに見えるが、車体前方に強固な鉄の板がついている。

ウェーク島は太平洋上の中継地点となる島で、アメリカ側が整備した飛行場があった。死闘の末、これを奪取することに成功した海軍が発見したのが、件の機械である。この機械の使い方がわからず困っていると、見かねたアメリカ軍の捕虜が使い方を見せてくれた。

この機械は土を押し出して平らにならす機械、すなわちブルドーザーであった。

捕虜の作業の様子を見ていた日本軍の将校は衝撃を受ける。これまで日本軍は飛行場

アメリカ軍が第二次大戦中に使用していたブルドーザー

の設営を人力でやっていた。そのため、完成に数ヶ月かかるのも当たり前であった。ところが、このブルドーザーなる機械はまさに百人力で、わずか数日で作業を完了してしまう。

元零戦・紫電改パイロットの宮崎勇(いさむ)氏の回顧録にも、ウェーク島に残されていたアメリカ人技術者が、破損した飛行場の誘導路を補修する様子が書かれている。

それによると、パイプをくわえた1人のアメリカ人がブルドーザーで誘導路に出てきて、高さ2メートルの凸凹を2時間ほどで平らにし、さらにミキサー車を出してきてセメントを混ぜ、夕方までに補修をほぼ完了してしまった。

日本軍が多数の人力で時間をかけてやることを、パイプをくわえた1人の男が数時間で済ま

立樹の伐採作業を行う「G 40ブルドーザー」

せたことに、宮崎氏は大きな衝撃を受けたという。

当然、驚いたのは他の日本軍の将校も同じだった。戦争中だというのに、飛行場という重要な施設の建設や補修の作業速度が何倍も違うのでは、まったくお話にならない。焦った海軍は直ちに日本から技術者を呼び寄せ、アメリカ製のブルドーザーを研究させて、緊急に国産化するように機械メーカーの小松製作所（現在のコマツ）に要請した。

とにかく緊急に実用化してほしいとの要請で、あまりじっくり研究開発もしていられない。そこで、すでに研究が進んでいたG40トラクターに油圧式の排土板を取り付けるという方針で開発を開始、すでに車体のほとんどが完成し

シープスフートローラーをけん引して地面を締め固めている様子

ている状態から開発がスタートしたため、わずか1ヶ月で完成した。これが日本初のブルドーザー、小松1型均土機（G40ブルドーザー）である。

148台生産され、配備された小松1型は現地部隊の評判も良く、基地設営に活躍したそうである。しかし昭和20年、日本は敗戦し、小松1型も配備されていた南方の島々で次々にアメリカ軍に接収されてしまう。その多くは解体処分され、歴史から消えていった。

ところが、その中で生き延びていた車体があった。元はフィリピンで日本軍に使用されていた車体だったが、敗戦で不要となりアメリカ軍によって海中投棄された。ところが、投入場所が船の航行の邪魔になるということで、数年後（昭和23年頃らしい）引き上げ業者が引き上げた。ついで付着したサンゴを落とし、油をさして修復を試みたところ、なんとエンジンが息を吹き返したのである。この生き返った小松1型は、まだ使えるということでオーストラリアの農家が買い取り、所有者を転々と変えながら荒れ地を開墾したようである。

昭和53（1978）年にシドニー郊外でコマツの現地ディーラーに発見され、買い取られて翌年に日本へと帰ってきた。補修されオリジナルのパーツがなくなっている部分もあったが、問題なく実用に耐えるほど調子が良かったそうである。

1型を迎えたコマツは、ブルドーザーメーカーとして戦後復興に貢献し「ブルドーザーのコマツ」と名を馳せた。世界にも飛躍し、1型を里帰りさせたときには世界的重機メーカーとなっていたのであった。

第三章

限られた資源を工夫で補填「日本軍の特殊兵器」

【闇夜の守護者】

夜間戦闘機「月光(げっこう)」

大日本帝国海軍

第二次世界大戦では敵の防衛網の監視の目をかいくぐるため、爆撃を夜間に行うことが多かった。現在では発達したレーダーと防空システムで昼夜関係なく領空が監視されているが、サーチライトと初期のレーダーが頼りの当時、夜間爆撃は有効な作戦だった。

そうなると、今度は夜間爆撃から自国領土を守る戦闘機、すなわち「夜間戦闘機」が必要になってくる。しかし、当時の戦闘機はパイロットの視力頼りであり、単に戦闘機を夜間に飛ばしてもあまり戦果は上がらない。そこで、機体が大柄で複数人が乗れ（その分、監視の目も増える）、後付けで機材も積める双発戦闘機を夜間戦闘機に改造する例が見られるようになる。

ドイツの双発戦闘機Ｂｆ１１０が代表的な例で、昼間戦闘では運動性が悪く役に立たな

夜間戦闘機「月光」

性能諸元【全長】12.13m【全幅】17m【全備重量】6900kg【最高速度】504km/h【武装】20mm 斜銃×4 または30mm 斜銃×3 250kg 爆弾×2

かったBf110だが、初期には赤外線暗視装置、やがては機上レーダーを搭載し夜間戦闘機としてイギリス軍の爆撃機と戦った。そもそも「役に立たない双発戦闘機」をなぜ作ったのかという話だが、第二次大戦が始まる直前あたりの戦間期、双発の高速重武装戦闘機の開発が各国で流行った時期があるのだ。その後単発戦闘機の性能が向上し、運動性が悪い双発戦闘機は廃れていくのだが。

日本でもこの時期に双発戦闘機を開発しており、これを「十三試双発陸上戦闘機」といった。だがこの十三試双戦、テストの結果海軍の要求を満たしていたにもかかわらず、採用されなかった。これはBf

月光のベースになった二式陸上偵察機

110と同じく戦闘機としては使えないと判定されたからである。しかし、飛行機としては優れていたため偵察機として採用され「二式陸上偵察機」となる。

ちなみに、「そこそこ使える双発機を放置するのはもったいない」と、十三試双戦の有効利用の案は爆撃機型や雷撃機型など次々に現れては消えていったため、開発を担当した中島飛行機内部では、その開発名称の「G」から「Gの七化け」と呆れられていた。

この二式陸偵はそれほど活躍しなかったようである。しかし、ひょんなことからこの二式陸偵、まったく別の任務を担うことになる。

昭和17（1942）年、ソロモン方面に展開する第二五一海軍航空隊は、敵の夜間爆撃に悩まされていた。敵の爆撃機に反撃したいが夜間戦闘機は持っていない。そこで航空隊司令の小園中佐の発案で、二式陸偵の後部座席に斜め上に向けて機関銃を取り付

月光のコクピット付近。斜銃が取り付けられているのがわかる。

け、敵爆撃機の死角である背後下方から射撃するという作戦を試みる。

これが大当たりで、有効な戦術になりうることが判明する。小園中佐はこのアイデアを早速本土に持ち帰り、新型夜間戦闘機を開発するように各方面に説いて回った。

初めは「斜銃」という奇抜なアイデアはいい顔をされなかったが、とりあえず試作の許可を取付け、二式陸偵を本格的に改造、実戦で敵爆撃機を撃ち落としこれが有効な兵器になることが証明される。

この結果に軍も制式採用を決め、夜間戦闘機を表す「光」の文字を入れて「月光」と命名される。月光の威力は凄まじく、飛行性能で同等のB‐25やB‐17相手なら、問題なく撃墜することができた。初期には機体下面にも斜銃が搭載され、水平飛行しながら地上や海上を掃射することもできたが、この機能はあまり使わないので下面機銃は降ろされている。

アメリカ軍は日本軍が斜銃搭載の夜間戦闘機を使っているとは気づかず、味方が何に落とされているのか、最初はわからなかったようである。

しかし、当時最新の機能を盛り込んだ高性能爆撃機B‐29には苦戦を強いられる。排気タービン過給機と与圧システムを持つB‐29と比べると、何よりも月光は高高度性能で大幅に劣っており、一万メートルの高空では付いてゆくことすらできなかった。それでも低空で作戦を行うB‐29に果敢に挑み、後継機の開発が失敗続きだったこともあって、終戦まで奮戦した。

【艦隊の食糧庫】

給糧艦「間宮（まみや）」

大日本帝国海軍

戦争は兵器だけ持って行ってできるというものではない。例えば兵員が1万人いた場合1回あたり1万食、仮に一食をおむすび2個で済ましたとしても、1回あたり2万個のおむすびが必要となる。

これが1日3食、しかも栄養バランスを考えながら数ヶ月分もと考えると、膨大な物資が必要となる。このような物資の準備と輸送を総称して兵站（ロジスティクス）という。

無論、単に食糧を運べばいいというものではない。飯を食う相手だって人間であり、まずいものより美味いものを食いたいし、時には甘いものだって食べたいものだ。アメリカ軍の兵士が「携帯しても溶けないチョコ」をメーカーに要望した結果、エム・アンド・エムズチョコレートが誕生したのは有名な話である。

さて、日本軍といえばどうしても飢餓のイメージがついて回るし、兵站の維持に失敗し大量の餓死者を出したのは紛れもない事実であるが、糧食の研究自体はかなり真剣に行われていたし、兵站が崩壊した主な理由は補給線が破壊されたことと、戦争の規模自体が日本の国力を逸脱していたことが大きい。

そんな日本海軍でも、食糧を艦隊に届ける「給糧艦」が活躍していた。特に有名なのが「間宮」である。

間宮は主に食材の運搬を目的として大正13年に建造された大型輸送船で、大量の生鮮食料品を運べるよう大型冷蔵設備を完備し、1万8000人を3週間養える量を運ぶことができた。むろん米などの穀物、味噌や漬物、鶏卵など冷凍が不要な食料を積み込む倉庫も完備していた。骨を除いた肉を冷凍して冷凍庫の容積を有効活用し、野菜をモヤシ等で代用すれば1ヶ月は持つと見積もられていたようである。

また、艦内に食品工場を持ち、専門の職人が軍属（軍に勤務する民間人）として多数乗り込んでおり、豆腐、コンニャク、うどん、パンなど日常食べる大抵の食品は自前で生産可能だった。さらに艦内に牛舎まであり、活牛47頭とその飼料を載せることができた。「豆腐受け取りの際は容器を持参されたし」「積み込みは迅速に」「こちらの人員や輸送用の配

給糧艦「間宮」

性能諸元【全長】144.78m【全幅】18.59m【排水量】15820t【最大速度】14kt【武装】8cm 高角砲ほか

給艇が都合で出せないことがあるので、その時は取りに来てもらいたい」等々と間宮側の要望にあるので、糧食の受け渡しはなかなか忙しかったようである。

　また、その性質上艦内を常に清潔にすることが義務付けられた。もし間宮が食中毒を出せば艦隊の戦闘能力が半減する危険性さえある。そのため間宮の船員は頻繁に入浴することが許された。また、各種食材の職人が大量に乗り組むこともあり、着ている服も常に洗濯されていた（他艦の洗濯物も洗濯していたようである）。

　このように常に艦隊の冷蔵庫として活躍した間宮であるが、特に有名なのがお菓子の製造を行っていたことである。間宮には腕利きの菓子職人が多く乗り組んでおり、饅頭、最中、アイスクリームなどが生産されていた。娯楽も少ない中で厳しい重労働に耐える兵士は甘いものに飢えており、特に間宮で生産される羊羹は絶品として知られ、間宮羊羹は争奪戦が起きるほどの人気があった。

艦隊の停泊地にやってくる間宮を、他艦に先んじて発見しお菓子の受け込みを行うボートを出すため、普段敵艦や敵機の見張りを行う監視員に間宮を探させたというエピソードまで残っているという。

もっとも、間宮は他艦が無駄な通信を行なっていないか監査する特務艦の役割も兼ねており、艦の上級将校はお菓子に喜んでばかりもいられなかったようである。

そのような間宮だが、船体自体は大正時代に作られた古い貨物船であり、貨物を満載した際の最大速度は14ノットほどに過ぎず、太平洋戦争時の軍艦と比べればほぼ半分の速度しか出せなかった。あまりに低速のため「貴艦は前進なりや後進なりやはたまた停止中なりや？」と他艦に質問されてしまったという話まである。このため新しい艦についてゆけず、独行もしくはごく少数の護衛艦をつけて行動することが多かったが、それゆえに敵の攻撃に対しほぼ無防備であり、アメリカの潜水艦の魚雷を受け、昭和19（1944）年12月21日に沈没してしまった。

間宮艦内の巨釜でアンコ用の小豆を煮るところ

間宮ではラムネも製造。瓶の洗浄機や自動玉詰機などの機材も揃っていた。

【恐怖の見えない大砲】無砲弾「九八式臼砲（きゅうはちしききゅうほう）」

大日本帝国陸軍

敵の陣地を攻撃するもっとも一般的な兵器は大砲である。大口径で一発の破壊力が大きい砲は、敵陣を射程に収める距離に、ある程度まとまった数を並べ、一斉に砲撃することで敵に大ダメージを与える。

しかし、当然ながら大砲は重い。小型のものでも５００キロから2トンはあり、運ぶには馬が必要で、大口径の重砲では20トン以上あるものも珍しくない。こうなると大砲の設置は半ば工事のようなもので、機動的に素早く動きながら攻撃するのは不可能で、また砲の位置を敵に察知されると反対に攻撃される危険性があった。

ところがである。太平洋の戦場で日本軍と相対していたイギリス軍やアメリカ軍の将兵は、日本軍からの正体不明の攻撃に悩まされていた。日本軍側には大砲が設置された様子

九八式臼砲

性能諸元【口径】330mm【砲弾重量】300kg【最大射程】1200m

がないにもかかわらず、突然自陣で大爆発が起こるのである。

爆発の規模から考えれば、要塞攻撃用の重砲レベルの巨砲から発射される大砲弾のはずである。しかし、そのような砲は影も形もなく、連合軍将兵はこれを幽霊ロケットと呼んで恐れたという。

太平洋戦争開戦前の昭和11（1936）年4月に、ある奇妙な兵器が特許出願され、昭和13年5月にこれが認められる。

発明者は陸軍技術本部の桑田小四郎中佐。ただし秘密兵器として扱われるこの兵器は秘密特許として隠され、公示されることはなく、また発明者が利益を得るわけではなくその権利を国に譲渡している。その発明

塹壕の中から発見された発射装置（左）と発射台（右）

の名は「無砲弾」といった。

無砲弾はいわゆる臼砲の一種である。臼砲とは砲身が極端に短い大砲で、大きい山なりの弾道を描いて砲弾を飛ばす兵器である。このため射程は短いが障害物を飛び越えて敵を攻撃できるため、物陰から攻撃したり、城壁の向こうを攻撃することができる。

しかし、無砲弾は通常の臼砲とはその構造が大きく違った。当たり前のことではあるが、大砲というのは砲の中に砲弾を込めて、装薬の爆発力で砲弾を飛ばす兵器である。しかし、無砲弾にはその名の通り砲がない。ではどうやって飛ばすのだろうか。

無砲弾は砲弾に弾道を安定させるために4枚の翼がついている。砲弾の重さは300キロ、長さ1・5メートル、口径は33センチもある。本来であればかなりの巨砲から撃ち出すはずの大型の砲弾である。

発射される九八式臼砲

だが、無砲弾を撃ち出すのは巨砲ではなく、木と鉄板でできた台座である。この台座の真ん中に太い支柱が一本立っている。無砲弾の底の部分は穴があり空洞になっていて、そこに支柱を差し込むことで無砲弾は台座に固定される。地面を削って台座を斜め45度の角度で敵の方に向け、砲弾の空洞の奥にある装薬に点火すると、その爆発力で砲弾が飛び出すという仕組みである。

これは護衛艦の爆雷投射機などに使われるスピガット・モーターという差し込み式迫撃砲と同じ仕組みで、それを巨大化させたものともいえた。砲弾と台座は分解して人力で輸送可能だった。これにより無砲弾は、発射される砲弾に比して発射システム全体が異様に小さくてすみ、敵に悟られることなく配置し、奇襲的に砲撃を加えることができた。

この無砲弾は「九八式臼砲」として制式採用され、見

九八式臼砲の発射装置と砲弾

えない大砲として敵を翻弄することになる。九八式臼砲は強力な発射の反動を受ける台座の寿命（命数）が短く、5〜6回の発射にしか耐えられない、射程距離が短いなど弱点もあった。

　また、破壊力よりも心理的効果の方が大きかったといわれ、砲弾が爆発すると直径約4・5メートルのクレーターができたが、破片効果（飛び散る破片による殺傷効果）が今ひとつで、実際の殺傷力は爆発の大きさに比すれば大きくはなかったともいわれている。

【遅すぎた守護神】
対空兵器「五式十五糎高射砲（ごしきじゅうごせんちこうしゃほう）」

大砲はもともと敵の陣地や城、要塞を攻撃するための武器であった。

しかし、機械技術が発達し、次々に今までなかったような新兵器が登場し始めると、それに対抗するために大砲もまた進化していった。例えば戦車が登場すると、その装甲を貫くために爆発の威力より初速と砲弾の装甲貫徹力を重視した対戦車砲が生まれるし、爆撃機に対しては、大砲を上に向けて上空の爆撃機を撃つ「高射砲」が誕生してくる。

高射砲は単純にいえば、大爆発して破片を飛び散らせる砲弾を、上に向けて打ち上げる大砲、というだけだが、兵器として通用するものを作るのはなかなか大変であった。高射砲には「最大射高」「実用射高」「有効射高」という数値があり、最大射高は砲弾がどこまで高く届くか、実用射高は時限信管が砲弾に点火する最長時間までにどこまで上昇できるか、有効射高は現実的にどこまで戦闘が行えるかという高度である。最大射高がいくら高くても砲弾が敵の至近に飛んでいかないのでは意味がない。とはいえ、爆撃機が発達し、飛行高度がどんどん高くなってくるとかなりの高さまで砲弾を打ち上げる必要が出てくる。

しかし、高射砲弾で敵を撃墜するのは難しい。ろくな射撃システムもない場合だと、1機撃墜するのに数千〜1万発撃つ必要すらあるという。第二次大戦期の爆撃機だとその速度は時速4〜500キロメートルは出る。高度も6000〜1万メートルとなり、この目標の至近に砲弾を打ち上げるには、目標の高度と方角、進行方向と速度を入力すると、砲弾が目標の至近に到達可能なタイミングと砲の向きが算出される方法が必要で、現在のコンピューターに当たる高度な射撃管制装置が開発されてゆく。

アメリカ、イギリス、ドイツでは、新兵器であるレーダーとこの射撃管制装置を接続し、レーダーが捉えた敵影の進行方向と砲弾の弾道が交差する時間と位置を割り出して、そちらに砲を指向する高度な防空システムが開発されていた。

一方の日本では、レーダーと連動する射撃管制装置を持つ高射砲はなかなか装備できないでいた。これはエレクトロニクス、特にレーダー技術で遅れていたことが大きい。そこにきて、大戦後半になると当時世界最高の性能を持った重爆撃機B‐29の日本本土爆撃が

五式十五糎高射砲

性能諸元【砲身長】9m【口径】15cm【有効射高】10000m以上【最大射高】20000m【生産数】2

始まってしまう。

B－29は空気の薄い高空でも馬力が落ちない排気タービンと、低温で酸素が薄い航空でも乗員が地上と同じように勤務できる与圧システムをもち、上空1万メートルを悠々と飛んでくる厄介な強敵だった。

この強敵から東京を守るため、最大射高2万メートルの大型高射砲を開発する計画がスタートする。砲は日本の技術でなんとかなる。問題は射撃管制装置である。

既存の三式十二糎(センチ)高射砲も高度な射撃管制装置を持っていたが、入力する目標の諸データをより正確にするには、高性能な対空レーダーが必要だった。そこで、ドイツから潜水艦で持ち帰られていたウルツブルグ対空レーダーの図面と同乗したドイツ人技師の指導を元に国産型ウルツブルグレーダーを開発、新型の射撃管制装置に接続し（レーダーと光学観測装置の併用だった模様である）、これを持って口径15センチの高射砲を制御することとし、昭和20（1945）年に「五式十五糎高射砲」として制式採用された。

五式十五糎高射砲は昭和20年5月、中島飛行機の工場への空襲経路にあたる久我山高射砲陣地（現在の東京都杉並区井の頭線久我山駅近く）に2門が配備された。

五式十五糎高射砲はドイツの高射砲にも負けない精度と威力があったと思われるが、いかんせん配備が終戦の3ヶ月前で、しかも2門しかなかったため、大活躍というわけにはいかなかった。

B‐29を2機撃墜した、という戦果が広く知られているが、これが本当にあった戦果なのか、議論が分かれているようである。いずれにせよ、この頃にはすでに東京は焼け野原であった。

イギリスやドイツが高度な防空体制を整え、ドイツに至っては地対空ミサイルの試作まで始めていたことを考えると、日本は防空体制を整えるのに出遅れていたといわざるを得ない。

五式十五糎高射砲の砲塔後部

砲弾を装填する装置

使用した砲弾

【戦車かボートか】

水陸両用戦車「特二式内火艇（とくにしきないかてい）カミ」

大日本帝国海軍

戦車といえば陸戦の王者であり、当然ながら陸上戦闘で活躍するものである。しかし、その移動ルートが必ずしも大地であるとは限らない。例えば湿地や泥濘（ぬかるみ）が多いロシアの大地では、沼地や河川でも移動できる水陸両用戦車が開発されている。

日本軍でも太平洋戦争以前から水陸両用戦車が必要であると認識され始めるが、意外にもこれを積極的に開発、採用しようと動いたのは陸軍ではなく海軍の方であった。海軍には主に上陸作戦等を行う海軍陸戦隊があり、陸軍と同じ軽戦車や装甲車を装備してはいたが、海軍陸戦隊と陸軍では事情が異なり、陸軍仕様の戦車だけでは不都合が出てくる。

それは戦車を自力で輸送、上陸させるための装備をほとんど持っていないことであった（太平洋戦争前、海軍の戦車揚陸艦はまだなかった）。陸軍には陸上装備を上陸させるため

特二式内火艇「カミ車」

性能諸元【全長】7.42m（航行時）4.8m【車体重量】12.5t（航行時）9.15t（車体）
【航行速度】約5.1kt【走行速度】37km/h 【武装】37mm戦車砲×1ほか

の揚陸艇や各種舟艇があった。しかし海そのものが主戦場である海軍には、港湾施設のない海岸であっても兵員や装備を大規模に下ろせるような装備は少なく、何も考えずに戦車だけ購入しても、いちいちクレーンのある港まで運ぶか、沖に浮かべた船に乗せたまま、などという事態にもなりかねない。そこで、海軍は上陸用舟艇の力を借りなくても独力で海上を航行して上陸する水陸両用戦車を取得することとし、設計を陸軍技術本部に依頼した。

この水陸両用戦車は開発を担当した上西技師の名から「カミ車」という名称で設計が進められ、実際の製造は三菱重工で行われた。

上陸するカミ車。前部のフロートが一体型なので、前期型である。

カミ車設計の難問は、航行すべき水面が沼や川ではなく海だということである。海の波の高さはもちろん沼の比ではない。そのため通常の船舶に近い航行性能が必要だったが、反対に船体を完全に舟形にしてしまうと、今度は陸上で戦闘を行うときに不要な部分が大きすぎて行動に支障が出てしまう。

そこで、カミ車では箱型の車体の前後に舟形のフロート（浮き）を取り付ける構造にした。沖合の船舶から発進するときは船として航行し、上陸後はフロートを投棄し、軽戦車として戦闘を行う。むろん、この構造ではフロートの再装着を行うには一度車外に出て手間のかかる再装着作業を行う必要があるため、戦闘中には海に戻れないという欠点があったが、上陸から海上への脱出という運

フロートを外した状態で輸送されるカミ車

用は想定していなかったため、問題とはされなかった。

むしろ投棄した前部フロートが前進の邪魔にならない工夫が必要で、カミ車の前期型では単に脱落する構造だった前部フロートも、後期型では左右に分かれて脱落するように改良されている。フロート内部は複数の区画に分かれており、被弾して穴が開いても無事な区画が浮力を保つ構造だった。エンジンからの動力は切り替えによってスクリューか履帯の起動輪か、どちらか一方に送られる仕組みになっていた。

車体は九五式軽戦車を元に作られていたが、車体の本体部分は新造され、水漏れが起こらないよう慎重に溶接され、潜水艦による隠密輸送も想定されていたため、部品の接合部分はすべて水密構造となっていた。

浮力を稼ぐため、軽戦車の部品を使っている比較的軽い戦車である割に車体を大きく作ってあり、それ自体水に浮いたという。しかし、その構造上装甲を薄くせざるを得ず、戦車という割に被弾にかなり弱かったようである。武装の一式37ミリ戦車砲も、敵の戦車相手では力不足の感は否めず、戦車としてみた場合決して強力な兵器ではなかった。

カミ車は昭和17年に特二式内火艇（うちびてい、ないかてい）として制式採用された。内火艇というのはエンジン付きのボートのことである。海軍の分類上は上陸もできるボートという位置付けだったようである。

戦時中は太平洋の島々で戦闘に参加し、戦車としては力不足ではあったものの奮闘した模様である。現在でもパラオ共和国に、朽ち果てた残骸として残っている。コロール島アサヒスタジアムに残っている個体では、後部フロートを装着したまま、その上に高角機銃を備え付けた状態という変わった姿で残っている。貴重な装甲戦力として運用の工夫が凝らされていたのだろうか。

【謎の珍拳銃】

護身用小型拳銃「九四式(きゅうよんしき)拳銃」

江戸幕府が日本を支配する時代が終わり、明治政府によって帝国陸軍、海軍が組織され、イギリス軍、ドイツ軍などを参考に組織の体裁を整えていった時代。

これら諸外国の軍隊では伝統的に将校は貴族など上流階級が多く、威厳を保つための服飾から小物、装備に至るまですべて自弁で揃えるのが普通だった。

ところが帝国陸軍の将校といえば旧幕臣の田舎侍であり、日本自体も決して豊かな国ではなく、格好をつけるのに苦労した。太平洋戦争時点で二等兵の月給が6円、少尉の月給が70円だというから、将校はそこそこもらっていたようだが、威厳を保つための服飾小物一揃えを自費で購入するのは大変で、特に手当てがつかない場合は格好ばかりよくて生活は意外と慎ましいものだったようである。

帝国陸軍将校のいでたち

そのような将校の自弁購入品の中に拳銃がある。
軍人が拳銃を持っているのは当たり前であるし、そもそも軍から支給されるが、当時の日本軍の拳銃といえば南部十四年式拳銃であり、これは軍が採用した制式兵器で個人の私物ではない。一方で将校は戦闘用のゴツい軍用拳銃とは別に、普段持ち歩く小型の拳銃を自費で購入し携帯していた。しかしその多くはブローニングなどの外国製拳銃だった。そのため軍の拳銃弾と規格が合わない、価格が高いなどの不都合が起きていた。
そこで、護身用小型拳銃を国産化しようと、十四年式を開発した南部銃製造所によって民間用として小型の自動拳銃の開発が始まる。この自動拳銃は十四年式拳銃と同じ弾が使え、大きさが格段に小さく大型の武器を持てない空挺部隊や航空機搭乗員の自衛用拳銃としても役に立つことから、陸軍でも採用することとなり、昭和９（１９３４）年に準制式化され「九四式拳銃」と命名された。

九四式拳銃

性能諸元【全長】187mm【重量】720g【口径】8mm【装弾数】6+1

九四式拳銃には「低価格でメンテナンスが容易な良い拳銃」という評価と「暴発しやすい欠陥拳銃」という2つの評価が混在している。これは九四式拳銃が諸外国の拳銃にはない独特の構造を持っていることに原因がある。

九四式拳銃は「本来内蔵されているはずの機構が露出し、普通の拳銃なら露出しているはずの機構が内蔵されている」という謎の構造をしている。

自動拳銃は通常、弾丸を発射した際の反動でスライドを後退させ空薬莢を捨て、次弾を撃発するためのハンマーを起こし（またはは内蔵されたストライカーのバネを縮め）、スライドが戻るときに次弾を薬室に

白い枠で囲った部分がむき出しになったシアー

装填してすぐに次の射撃ができる状態になる。撃発用のハンマーは指でも起こせるように外部に露出しているのが普通だが、九四式拳銃では内部に組み込まれていて、指で操作することができない（ハンマーが何かに引っかかるのを防ぐためか）。

また、通常の自動拳銃ではフレームにかぶせるように組み込むスライドが反対にフレームに挟み込まれるように組み込む構造になっており、いわば通常の拳銃が裏返しになったような構造である。そのため通常の拳銃では内蔵されているはずの、引き金の動きをハンマーに連動させるシアーという部品が銃本体側面に露出している。

この構造は本来分解しないとできない部分の

手入れが外部からできるという利点がある（本格的な分解は普通の銃より手間がかかるという意見もある）。

一方で、むき出しになったシアーに軽い衝撃が加わっただけで、引き金を引かなくてもハンマーが落ちて弾丸を発射してしまうという大きな欠陥があった。なんと引き金を引かなくても、銃側面のシアーの先端を指で押すだけでも発射されてしまうのだ。このため、九四式拳銃は持ち運ぶ際は弾倉を引き抜き、薬室に弾丸が残っていないかを見て、完全に空になっていることを確認しなければならなかったという。

軍で保管、運用するのなら（他の自動拳銃もそのように取り扱うので）それでもいいが、結局これでは護身用拳銃にはならない気がする。また、大戦末期には工作精度も低下し、安全装置をかけたまま発射できる個体もあったという。

九四式拳銃を鹵獲した米軍は、あまりにも暴発しやすいこの拳銃を「自殺拳銃」と呼んだそうである。

【ある意味で軍国主義の主役】
教育用模擬銃「教練銃」

明治維新によって新たな体制の国となった日本にとって、緊急にやらねばならなかったことのひとつが軍備の増強であった。当時は帝国主義時代の真っ只中であり、軍事力のない国はあっさり征服されたり、不平等条約を結ばされて収奪される。大国だった清があっという間に生き血を吸われる途上国に成り果てたのを隣で見ていた明治日本は、とにかく富国強兵に邁進した。

侍の時代と違い、西洋の軍隊に範をとった大日本帝国陸海軍は兵員も市民からの徴兵でまかなった。そのため、子供達に施す教育も自然と軍事教練としての性格が強くなっていく。日本の学校で体育という教科が急速に普及したのも、国が開かれたことによって、日本人の体格が外国人と比べて小さいことを多くの人が認識したのがきっかけのひとつと

教練銃

性能諸元【全長】日本軍装備銃器に近似【装弾数】0～空砲数十発（写真は静岡県の高根女子青年学校の全校執銃訓練の様子）

なっていて、若者に体力をつけることが急務と考えられたからだ。

明治維新後、兵器の近代化に伴って歩兵の持つ武器は槍や刀から歩兵銃に変わっていった。それにより、剣道の竹刀のように教育現場で銃の扱いを教えるための模擬銃が求められるようになる。これは後々徴兵される少年に事前に基本的な下習いをさせておくのに必要とされたからで、そのために作られたのが木製の小銃で、これを木銃という。

木銃は硬い木材を小銃の形に削り出しただけのもので、弾丸を発射するようなものではない。当時の歩兵銃は先端に銃剣を取り付けて、敵陣に突撃した際に槍として使

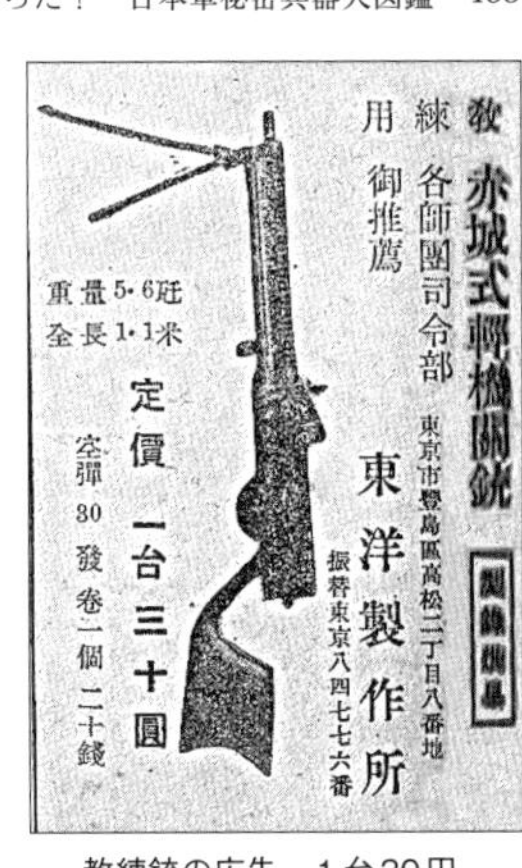

教練銃の広告。1台30円。

う機能があったため、木銃の先端にゴムなどのクッションを取り付けて、喉や心臓の位置を突き合う銃剣道に発展していった。銃剣道は現在でも武道として行われている。

しかし、木銃では銃の取り回しや行進訓練などは行えるが、銃の操作は練習できない。そこで、実物の銃を模した、いわば訓練用のモデルガンともいうべき教練銃（擬銃、教練用模擬銃）が使われるようになる。

教練銃は実際に軍隊で制式採用されている三八式歩兵銃や九九式小銃に似せて作られたモデルガンで、ボルトアクションのレバー操作や、照尺の操作もできた。

照尺というのは狙撃の際に着弾する距離を調整するための目盛りで、照準に使う照門があり、起こして照門の高さを変えることができる。銃口にある照星を標的の方向に合わせ、照尺にある照門が指す目盛りの数値を標的との距離に合わせ、照星と照門を水平にして狙いを定めると、そのぶん銃身が斜めになり銃口が上向きになって弾丸が放物線を描いて飛び、射程が伸びることで着弾距離が調整できるというわけだ。

学校教練の教本に載っていた担え銃（になえつつ）のやり方（『学校教練必携』）。当時は模擬とはいえ、銃を使った訓練が学校で当たり前のように行われていた。

このような操作の練習は木銃ではできないため、精密なモデルガンがいわば学用品として販売されていた。大正から戦時中の新聞、雑誌の広告枠に、ごく普通に教練銃の広告が「本品ハ着剣及照準動作可能ナリ」「本銃デ充分教練動作ガデキマス」「カタログ贈呈」などと載っているのは、現代の目から見るといささか奇異ではある。

また、歩兵銃だけではなく、軽機関銃や擲弾筒（てきだんとう）も教練用のものが作られていた。

これら教練銃は形だけで火薬の装填がまったくできないものから空砲で音がなるものまであり、教練用軽機関銃では空砲の発砲の反動で実物同様に動作し、連射の反動を体感できるものもあった。

また明治40（1907）年1月の読売新聞によると、旧式となり不要となった三十年式歩兵銃及び騎兵銃が、中学校以上の諸学校に「生徒体操用に」払い下げられたとあるので、実銃を教練に使うこともあったのだろう。

2018年に西東京市の小学校校庭から3000点もの歩兵銃や銃剣、訓練用手榴弾などが出土し、ニュースになったことがある。どうやら終戦時に教練で使っていたものを焼いて埋めた模様である。

明治・大正から昭和の終戦まで、子供たちの驚くほど近くに戦争や軍隊があったことは間違いない。

【敵兵の膝を攻撃？】

軽迫撃砲「八九式重擲弾筒」

大日本帝国陸軍

歩兵が扱う武器の代表的なものは無論小銃であるが、小銃だけでは対応できない障害もある。例えば高く土嚢を積んだ防御壁やコンクリート壁で囲まれた敵機関銃陣地をどう制圧するのか。単純に突撃していてはいい的になってしまう。

このような時に使う武器が「擲弾（グレネード）」である。擲弾はわかりやすくいえば小型の爆弾で、炸裂すると破片を高速で飛び散らせ、周囲の敵兵に大打撃を与える。擲弾を撃ち出す発射器をグレネードディスチャージャー、日本語で擲弾筒という。擲弾は弾道が大きな放物線を描くため、障害物の向こうにいる敵を攻撃することができる。どんなに分厚い壁で防護された敵陣地でも、その壁を飛び越えて着弾すれば関係ないのである。擲弾はもともと敵陣を攻撃するための武器だったが、やがて第一次大戦の塹壕戦でもその必要性が再認識されて、擲弾を発射する武器が工夫され始める。

そして日本では「十年式擲弾筒」が開発された。これは歩兵が一人で肩にかけて移動できる程度の大きさで、必要とあれば同時開発の十年式手榴弾や後に採用される九一式手榴弾を装填して発射することができた。

ただし、手で投げる手榴弾と擲弾筒から発射する擲弾を兼用としたため、擲弾筒で発射した場合に弾道の安定性が悪く狙った場所に着弾しないため、評判はよくなかった。十年式手榴弾は日本にとって初期に開発した手榴弾でもあり、性能もよくなかった。そこで十年式擲弾筒採用直後には早くも改良型の開発が始まっている。

この改良型が八九式重擲弾筒である。八九式重擲弾筒の外観は十年式擲弾筒とそれほど変わらない。全体は擲弾を装填する筒、筒を支える柄桿（へいかん）、柄桿が地面にめり込んでしまうのを防ぐ駐板（ちゅうばん）からなっていた。

ちなみにこの駐板、のちにちょっとした戦果を挙げることになる。

八九式重擲弾筒は九一式手榴弾なども発射可能だったが、専用弾である八九式榴弾を使えば、かなり正確な射撃が行えた。八九式重擲弾筒の筒には螺旋状の溝、いわゆるライフリングが刻まれており、八九式榴弾を発射する際には弾体がこれに食い込み、回転しなが

八九式重擲弾筒

性能諸元【全長】610mm【口径】50mm【重量】4.7kg【最大射程】670m

ら打ち出されることで弾道を安定させることができた。

本来、臼砲や迫撃砲のように大きな放物線を描いて砲弾を飛ばす兵器の場合、着弾位置を前後させて射程距離を調整するには砲身の角度を変え、放物線の山の高さを変更して行うのが普通である。真上に近い方向に向けて撃つほど、砲弾は近くに落ちるというわけだ。しかし八九式重擲弾筒は駐板を地面に付け、膝立ちの状態もしくは伏せた状態で筒を概ね45度に固定する（後期には45度を示す水準器がつく）、と使用方法で指示されている。どうやって着弾地点を調整するのだろうか。

八九式重擲弾筒では筒の角度ではなく、

砲弾を飛ばすための装薬が燃焼する薬室の容積を変更することで行う。薬室を上下させるネジを回すことで柄桿に刻まれている飛距離の目盛りに敵との距離を合わせ、筒の先端から弾を装填、引き金を引くことで発射する。射程は八九式榴弾で670メートル、九一式手榴弾で170メートルまでの目盛りが振られていた。

八九式重擲弾筒は一人で運べるほど軽便な兵器だったが、当時のグレネード発射器としては無類の高性能で、太平洋戦争時には自軍の陣地に身軽に正確に擲弾を打ち込んでくる日本軍の攻撃はアメリカ軍を大いに悩ませた。

それゆえアメリカ兵は「日本軍のタイプ89グレネード」に興味津々で、鹵獲した擲弾筒をいじくり回してみたりした。

そこでちょっとした事故が起きる。本来柄桿が地面にめり込まないように取り付けられている駐板の形状が微妙なカーブを描いていたため、これを膝に当てて発射するものと勘違いするアメリカ兵が続出したのである。特に緩衝装置があるわけでもない、いわば小型迫撃砲の砲尾に接続する部品である。発射と同時に膝に大怪我をしたという。

そのためアメリカ兵は八九式重擲弾筒を「ニー・モーター（膝迫撃砲）」と呼んだそうである。

岩など障害物の裏から発射することができる

正しい使用法

間違った方法で八九式重擲弾筒を構える米兵

【日本軍航空部隊の先生？】

地上専用練習機「滑走練習機」

いたって地味な機種であるため、コアな航空機ファン以外からはあまり注目されていないのが「練習機」である。
練習機とは文字通り、飛行機の操縦を練習するための飛行機である。どんなエースパイロットであっても、生まれつき飛行機が操縦できるわけではない。ましてや飛行機などという乗り物は、現在ですら決して身近な乗り物ではないのである。戦闘機などという高度な操縦技術を必要とする機体に乗る前に、比較的たやすく操縦できる機体で練習を積み、そこで初めて戦闘機に乗る（あるいは適性がないことを認めて降りる）ことができるのである。
大正時代、未だ自力で航空機開発ができなかった日本は、イギリスやフランスの飛行機

三型滑走練習機

性能諸元【エンジン出力】25～50馬力（どの型も飛行できない低出力エンジンが使われている）［画像提供：東京文化財研究所、撮影：喜多川秀男］

（や製造権）を買って使用していた。大正8年、日本陸軍は欧州との航空機技術、すなわち製造技術、戦術、そして操縦者の腕前の格差を埋めるため、フランスから航空教育団を呼び、練習生の指導を依頼した。こうしてやってきたのがフォール大佐をリーダーとするフランス航空教育団である。

教育団が使用した機材はニューポール81という、現代から見ればなんとも古式ゆかしい複葉機だった（その頃、すでに製造権を買って国産化され、日本軍の主力練習機となっていた）。しかし当時としてはなかなか性能が良く、この機体から多くの搭乗員が巣立っていった。

だが、このニューポール81、少々厄介

ニューポール81のベースになった「ニューポール12」

な癖があった。第一次大戦時の戦闘機によくある構造なのだが、エンジンについたプロペラが回転するのではなく、プロペラと共にエンジンそのものが機体に対して回転するというロータリー式空冷星型エンジンという構造だった。

この構造は冷却や軽量化には有利なのだが、地球ゴマのようにジャイロ効果を生み出すためプロペラトルクと相まって、離陸時に回転数を上げると操作もしていないのに勝手に首を振って意図しない方向に機体が向いてしまう欠点があった。ベテランならともかく、初めて飛行機を操縦する練習生はこのクセに泣かされることになる。

教育団もそこは踏まえており、なんとも奇妙な教育機材をフランスから持って来ていた。そ

大正時代初期の陸軍飛行隊のパイロットたち

れが「滑走練習機」である。滑走練習機はその名の通り滑走を練習するためだけの機体である。そのため滑走路を走り回れるが、飛び立ってしまわないように主翼が大幅に短く作られている。まるで飛んでいかないように風切羽を切られたペットの鳥のようである。

実際その見た目はデパートの屋上にある遊具のようで、決してカッコいいものではない。教育団が持ってきていたモラーヌ・ソルニエR2などの他に、ニューポール81を参考に、国内で独自に開発した二型滑走機、さらに三型滑走機も製作された。二型は15機、三型は25機作られたという。

この滑走練習機に練習生を乗せ、滑走路を走って加速し、離陸直前までをシミュレートさせるのがこの機材の目的だった。現在のような操縦シミュレーターがあるわけではないので、それなりに役割があったのだろう。まだ自動車も珍しい日本で、それほどの速度を体感するのはかなり緊張したのではないだろうか。また、勢い余って少し浮いてしまい、練習生が慌てたという話もあるらしい。

しかし、その製造機数が少ないことからもわかるように、滑走練習機はあまり長くは使われなかった。大正11年には陸軍の公文書で、三型滑走機について「これに代わる他の教育用飛行機所要の見込みにつき～」として、三型滑走機の製造機数を減らし、予算を予備費として温存することになった。

要するに通常の練習機が充実して来て徐々にお払い箱になりつつあったのだ。民間に払い下げられた三型滑走機の中には、サーカス小屋でクレーンに吊るされて飛び回った機体もあったという。

【救国の血液となるか】
代替燃料「松根油（しょうこんゆ）」

大日本帝国陸海軍

明治の開花期「主な産業が米作しかない」とまでいわれた日本であるが、それはその通りで、近代化に必要な主要資源のほとんどが日本からは産出されなかった。石炭はそこそこあったが、ゴムや鉄、アルミその他の金属類、そして石油はほぼ輸入に頼るしかなかった。

そもそも日本が周辺国への侵略を行ったのも、その最大の目的は資源の確保である。太平洋戦争の発端となったのも、アメリカとの関係悪化による石油の輸出規制であった。当時石油の多くをアメリカの石油会社から買っていた日本にとって、これは死活問題である。

多くの人は太平洋戦争といえばまず真珠湾攻撃を思い浮かべるが、あれはアメリカの太平洋艦隊に第一撃を加えるのが目的であって、同時に資源の宝庫である東南アジアへの侵攻を行っている。

当然ながら、日本の資源は長期の戦争を戦うにはギリギリの綱渡り状態であった。たとえば電線の被覆（ひふく）には紙を巻き、ゴムで覆い、さらに布で覆って耐水ペンキを染み込ませるなどの工程が必要だったが、ゴム不足で被覆に困ることもあったようだ。

また、この本でも何度か触れているが、石油不足は深刻で、「誉」のようなハイオクガソリンが必要な高回転エンジンを作っておきながら、肝心のハイオクガソリンがないなどという有様で、橘花のようなジェット機を必要としたのも、スピードの他に、ジェットエンジンは燃料が低品質でも構わないという利点があったからだった。

さて、いよいよ燃料がなく追い詰められた日本軍は、最後の秘策に打って出る。

それが松根油である。

松根油とは、伐採された後の松の木の古木の切り株から採れるテレピン油のことで、この松根油をさらに加工すると理屈の上では航空機用燃料となる、はずである。

具体的には、伐採後放置され、10年ほど経った切り株を掘り起こし、小割りにし薪くらいの大きさの角材にして乾溜缶に密閉、そのまま加熱して乾溜し、出てきた揮発成分を冷却装置で冷やし、液状にする。得られた液をタールと粗油（そゆ）に分ける。

松根油

松根油の原料となる松の根を集める学生。松根油は精製すると、低品質航空燃料とほぼ同等の性能があったとされる。[写真提供：毎日新聞]

乾溜缶の大きさは直径1メートル、高さが1・5メートルという証言がある。朝から夕方まで火にかけると、油5リットル、タール10リットルが取れたという。缶に残った松の根は炭になっており、これを燃料にまた乾溜缶を火にくべたという。

「200本の松で航空機が1時間飛べる」「全村をあげて松根赤だすき」といったスローガンとともに、全国の農村部に乾溜缶が設置され、松の根を掘り起こす運動が展開された。これを「松根油緊急増産運動」という。

得られた松根粗油は集められて本格的な精製施設で加工され、代替燃料として使われる計画であった。

勝利の油

松根油を増産しよう

戦争にはあらゆる物資が必要とされますが、中でも油は最も重要なものの一つです。いくら飛行機をつくつても油がなくては飛べませんし、工場の機械も油がなくては動きません。

のところでは敵側の方が油の量も多いので、日本でも盟邦ドイツでも、全力をあげて増産に努めると共に、できる丈けこれを節約し、また科学技術を傾けて、代用油の製造に大童です。ここにお話しようとする「松根油」もその一つであ

▲終りに三百乃至三百五十度位にまで強く加熱して乾溜すると

▲いはゆる松ヤニ（揮発分）が出て来ます。これが松根原油のもとです

松根油の原料

松根油の原料としては、勿論、松の根が一番

松の根の増産

こんど農商省では、松根油増産の先決要る原料の確保について、松の根の大量採掘を行ふことになり、十一月から五箇月間を松根の増産期間として、

今まで静かに眠つてゐた松の根にも、いよ〳〵御奉公の時が来たのです。

「松根油の増産」を訴える『写真週報』の紙面。『写真週報』は内閣情報局が編集・発行するプロパガンダ誌だった。（『写真週報　第349号』）

しかし、結局松根油がガソリンの代わりに戦闘機を飛ばすことはなかった模様である。松根油の入った混合燃料が飛行機に入れられたが、エンジンが止まってしまったともいわれ、燃料としては完成しなかった。とりあえず動員された民間人は生真面目に松の根を掘り起こしてはいたものの、これが石油の代わりになるとはあまり思っていなかったようである。

どちらにせよ、「松の古木の切り株、できれば10年もの」を「人力で掘り起こして」「乾溜させて粗油が数リットル」では、油田を持っている国と戦争できるはずがない。

結局、松根油は増産運動を展開している最中に終戦となり、苦労のわりに戦争の役には立たなかった。ただ、はっきりした記録はないようだが、戦後余った松根油は、民間用の燃料としてはありがたく使われたともいわれている。

ちなみに松根油とは別に松ヤニを燃料に加工する計画も行われており、現在でも松ヤニ採取のためにV字型に切り傷をつけられた松の古木が残っているという。

【銀輪の大活躍】

人力高速輸送「自転車」

大日本帝国陸軍

自転車とは、ご存知の通り車輪のついた骨組みにまたがり、人力で車輪を回転する乗り物である。その原型の一つは19世紀はじめにドイツで発明された「ドライジーネ」だといわれている。ドライジーネには車輪に動力を伝える仕組みがなく、本体にまたがり、直接地面を足で蹴って移動する乗り物だった。

やがて19世紀後半には「ペニー・ファージング」が現れる。ペニー・ファージングは現在の三輪車のようにペダルが直接前輪に接続されており、脚力で直接前輪を回転させて走行する。一回転あたりの移動距離を伸ばしてスピードを稼ぐため、後輪に比べて前輪が数倍も大きい。このため日本では「ダルマ型自転車」とも呼ばれていた。

さて、これら初期の自転車はあくまでスポーツが目的の運動器具であり、日常の足と

自転車

性能諸元　【巡航速度】15km/h 前後

いうわけではなかった。自転車が日常の足とされるようになったのは、現在の軽快車（いわゆるママチャリ）の直接の祖先といわれる「安全型自転車」が発明されてからである。安全型自転車は、ペダルを漕いだ回転力をチェーンで後輪に伝達するなど、基本的な仕組みは現在の自転車と変わらない。自動車が高価で、庶民には手が出なかった20世紀初め、自転車は庶民の重要な足となった。この頃から、各国で自転車の軍事利用が模索され始めたようである。

工業化やモータリゼーションも遅れていた日本では、自転車は重要な庶民の足として量産され、戦争が始まる頃には世界最大の自転車生産国の一つとなってい

自転車の元祖・ドライジーネ（左）とペニー・ファージング（右）

た。兵員輸送用のトラックや連絡用の自動車も足りていない日本陸軍では、日々の雑用に自転車が多く使われた。１９４４年に編纂された米軍のテクニカルマニュアルにも、日本軍の自転車について書かれており、街場での軽貨物輸送と同じように、折りたたみ式のリアカーを引かせて貨物の輸送に使用していたようである。陸軍使用の自転車はほぼ民間用の軽快車と同じものだったようだ。

　貨物の輸送だけでなく、歩兵を高速で進出させるのにも自転車は威力を発揮した。完全に機械化された部隊なら兵員は兵員輸送車に乗せて移動すれば良いが、国自体の自動車化がまだまだだった日本ではトラックの数が足りず、長距離であっても徒歩移動を余儀なくされることもあった（いわゆる「バターン死の行進」も、捕虜を輸送できるだけのトラックがないせいで発生したといわれている）。

マレー半島を進軍する日本軍の銀輪部隊

しかし、敵に立ち直る隙を与えず高速で進出する必要がある場合、徒歩で移動している時間はない。たとえばイギリス軍が支配していたマレー半島を制圧する戦いでは、撤退しながら戦うイギリス軍が日本軍を迎え撃つ万全の体制を整える前に、畳み掛けるように前進しなければならなかった。

そこで、陸軍は日本から輸入した自転車や現地で徴発した自転車（ほとんどが日本製だった）を何千台もかき集め、いわゆる「銀輪部隊」を結成、自転車化部隊で一気に前進して敵が体制を整える前に襲撃することができた。

自転車の利点はまず誰でも乗れること。そして移動速度が速いことである。また、橋や道路が爆破された場合、自動車では立ち往生してしまうが、自転車ならば担げば人が歩いて通れる場所なら凸凹でも渡河でも乗り越えることができる。

一方で、自転車には荒れた道ではパンクしやすいという欠点があり、何千台もが移動する侵攻作戦ではパンクする自転車が続出し、修理が間に合わないほどだった。ゴムの生産地である南方戦線では、現地生産のゴムでパンクを修理していたようである。また、それ自体は戦闘車両ではなく運転手がいるわけでもないので、降車して戦いながら前進した場合、降りた場所に置きっ放しになってしまう。そのため現地の人を雇い現在位置まで持ってこさせる必要があった。

日本兵が数十人の現地民を引率して自転車移動する様は、アジアの解放者のイメージとして宣伝に使われたそうである。

日の丸部隊はアジアの解放者としての宣伝も担った

コラム　その3

日本軍はじめての戦車

戦車という兵器が初めて本格的に戦場に投入されたのは、第一次大戦時のフランス、ソンムの戦いであった。

　当時、イギリス軍とドイツ軍は一進一退の塹壕戦を展開しており、敵の塹壕に突撃しては機関銃と小銃の弾の雨を浴びて、大量の戦死者を出しながら敵の塹壕を奪いわずかに前進、という血で血を洗う陣取り合戦が展開されていた。これを打破するためにイギリスで開発されたのが、鉄砲の弾を跳ね返す「陸上艦」すなわち戦車である。この時のマークI戦車は速度も遅く、すぐ壊れ、装甲も薄かったが、いくら撃っても銃弾を跳ね返す怪物の出現にドイツ兵は震え上がり、持ち場を捨てて逃げ出したという。

　第一次大戦時、主戦場の欧州から離れた日本ではそれほど切実に戦車は必要とされていなかった。だが、将来的に機械化された部隊が絶対に必要になる。意外にも最初にこう主張したのは輜重科、つまり輸送部隊であった。膨大な量の物資を扱う輜重科は「自動車」などの乗り物に明るく、先見性があったのだ。

そこで、大正7（1918）年、イギリスのマークⅣ戦車を、大正8年頃に同じくイギリスのマークAホイペット戦車、フランスのルノーFT-17を輸入し、千葉県の陸軍歩兵学校でその性能を検証している。遅く大柄なマークⅣは好まれなかったようで、試験後は靖国神社に展示され、太平洋戦争終戦までは存在したようだが、現在行方不明である。

マークAホイペットは第一次大戦時としては高速の戦車で、敵の防御線を突破して後方を荒らし回るような戦法で大活躍したことで知られている。ルノーFT-17は現代戦車の始祖といわれている。マークIなどに代表される旧型の戦車では車体の真ん中に熱いエンジンが鎮座し、その周りに機関士や砲手、機関銃手が配置されていた。サスペンションもない鉄の箱に閉じ込められ、数メートルの段差をガクンガクンと乗り越えていくのだからたまらない、乗っているだけで火傷や怪我をするような代物だった。

しかし、ルノーFT-17はエンジンが載っている機関室と操縦席が隔壁で分離されており、火傷や漏れた排気ガスから乗員を守ることができた。また、武装を載せている砲塔を回転させることで全方位攻撃をすることもできた。これらは現代戦車の基本構造となって

イギリスから輸入したマークⅣ（左）とマークＡホイペット中戦車（右）

いる。

　ホイペットの車体はかなり大きく、日本軍では中型戦車（または重戦車）として扱われた。ルノーＦＴ‐17は小型戦車（軽戦車）として扱われ、これらを主力にするという案もあったようである。塹壕の突破ではなく「運動戦」における「戦略的移動性」を重視したためで、鈍重なマークⅣよりホイペットやＦＴ‐17の方が次の時代の戦争には合っていると判断されたのだろう。当時の敵国といえば広大なロシアと中国であり、極端な長距離の移動や素早い運動が必要とされていた。

　運用試験の感想として、ホイペットは移動速度が速く車体が堅固、ＦＴ‐17は路上で走行する際に行動に制限が少なく、操縦がしやすいと記録に残されている。

　日本陸軍では両車種で戦車の運用ノウハウを研究していったが、結局どちらの車種も陸軍の主力となることはな

フランスから輸入したルノー FT-17（左）と初の国産戦車「八九式中戦車」（右）

かった。そもそもホイペットもＦＴ‐17も、日本にきた頃には旧式といってもいい兵器だった。たとえばＦＴ‐17は大量生産が始まった頃に終戦となったせいで本国フランスで数が余っており、日本をはじめ外国に多く輸出されている。

いわば不要なので売り払われた兵器であり、日本で大量配備が完了した頃には完全に旧式化している可能性があった。それよりも工業化しつつあった日本で国産戦車を開発した方が将来的には有利である。

日本で作って日本が使うのだから、性能も日本軍の都合に合わせればよい。そこで海洋国である日本では港湾のクレーンで持ち上げられる重量であること、日本の鉄道貨車の幅に合わせた大きさにすること、輸送トラックに追従できる移動速度であることなどが盛り込まれ、１９２０年代後半に試作車として試製一号戦車が完成。そして国産初の戦車、八九式中戦車が誕生するのである。

第四章 戦争が生んだ「日本軍 悲劇の兵器」

【世界最大空母の儚い生涯】

巨大空母「信濃（しなの）」

大日本帝国海軍

大艦巨砲主義に基づいて大和型戦艦「大和」「武蔵」が建造された。

しかし、大和型戦艦が配備された頃には海戦の主役は空母と艦載機になっており、敵戦艦を倒すという戦艦の任務も航空機のものとなり、巨大戦艦をわざわざ建造するという必要性が低下していた。

実は本来、大和型戦艦は4隻建造される予定だった。一番艦「大和」、二番艦「武蔵」、三番艦「信濃」、四番艦「紀伊」である。大和と武蔵は予定通り完成したものの、戦術的にはほとんど何もできなかったのが実情であった。実際のところ、戦艦の重要性が低下し、空母の重要性が増していることは、世界でもっとも早く空母による機動部隊で大戦果を挙げた日本海軍も承知していた。

信濃

性能諸元【全長】266m【全幅】39.4m【排水量】71800t【武装】12.7cm高角砲ほか【搭載機数】47機（計画値）［CG：横山雅司］

そして昭和17（1942）年に決定的な事件が起きる。ミッドウェー海戦においてアメリカ軍機動部隊の逆襲を受け、日本海軍は主力となる空母4隻を一挙に撃沈されるという大打撃を被ったのである。

ここにいたり、海軍の整備計画は完全に空母中心に軸足を移すこととなり、大和型戦艦の建造を2隻で打ち切り、建造中の三番艦「信濃」を空母に改装、四番艦は建造を中止し解体することとした。

もともと大和型戦艦だった信濃は全長266メートルに達し、日本はおろか世界的にみてももっとも巨大な空母だった。この大きさは戦後の冷戦期にアメリカ海軍が巨大空母の配備を始めるまで破られることはなかった。

しかし、「当時世界最大を誇った、日本が誇る巨大空母信濃」と聞いて、ピンとくる人が何人いるだろうか。いや、それどころか生まれて初めて「空母信濃」なるものが存在することを知った、という人も多いのではないだろうか。世界最大の空母信濃がなぜここまで無名なのか。それにはきちんとした理由がある。

昭和17年、機動部隊の主力を失った日本海軍はこの穴を埋めるべく、建造中だった大和型戦艦三番艦「信濃」を空母に改装する作業に着手する。信濃は大和型戦艦だったため、巨大で艦載機及び航空機用燃料、魚雷、爆弾の積載量が多いと同時に無類に頑丈で、戦艦の砲撃にもある程度耐えられる、海上の航空要塞ともいうべき超兵器になると期待されていた。

建造工事が行われていたのは横須賀軍港で、空母への改装工事もそのまま横須賀で行われていた。しかし、横須賀はすでにアメリカ軍の爆撃目標となり激しい攻撃が予測されるため、昭和19年11月、船体が完成した時点で進水させ、残りの工事は呉軍港に移動させて行われることになった。

船としてはほぼ完成しており、移動自体に問題はなかった。あとは実際に空母として運

東京湾を公試航行中の信濃（昭和19年11月11日）

用できるように細かい艤装を施すのみである。

潜水艦から信濃を守るために護衛の駆逐艦隊をつけ、伊豆七島から紀伊半島を回る形で瀬戸内海に入る予定だった。信濃の存在は極秘中の極秘であり、この時点で信濃が移動中なのはもちろん、信濃という空母が存在することすら、海軍上層部と関係者以外知らなかった。

すでに制海権を失っていた日本近海にはアメリカ軍潜水艦が行き来しており、そのうちの一艦「アーチャーフィッシュ」が「正体不明の巨大空母」を発見、魚雷攻撃を行い4発を命中させる。

本来であれば、大和型戦艦は浸水した区画を防水扉で隔離すれば、多少の破孔が開いてもそのまま航行可能なように設計されていた。

しかし、まだ内装工事中、しかも船体の竣工から10日しか経過していない信濃では乗組員がまったく操作に慣れておらず、ほとんどうすることもできなかったようである。

結局、信濃は竣工からわずか10日という短さでその姿を消してしまい、まったく活躍せず、しかも建造されたことも撃沈されたことも極秘だったため、非常に影の薄い船となってしまった。その存在が公になったのは戦後のことである。

本来アーチャーフィッシュの艦長にとっては勲章ものの大戦果のはずだが、信濃の存在が知られていなかったため、巨大空母を沈めたことを戦後まで認めてもらえなかったそうである。現在に至るも、信濃の沈没地点は大まかにしかわからない。

信濃を撃沈したアーチャーフィッシュ

【海の忍者、奮戦す】

特殊潜航艇「甲標的（こうひょうてき）」

大日本帝国海軍

　対艦攻撃に大々的に航空機が使われるようになる前、大国同士の海戦は「艦隊決戦」で決着がつくと思われていた。古くは日露戦争の連合艦隊対バルチック艦隊の日本海海戦、第一次大戦のユトランド沖海戦などがある。

　戦間期、海洋国家である日本は仮想敵国との艦隊決戦を視野に入れて、数々の新兵器を準備していた。より遠距離から巨大な砲で敵を撃つ戦艦大和（86ページ）や、魚雷を一斉発射する重雷装艦（56ページ）なども艦隊決戦に備えた兵器だが、その他に敵を奇襲的に攻撃する潜水艦も必要と考えられた。実際のところ、ワシントン海軍軍縮条約などによって主力艦艇保有数を制限されていた日本は、戦艦以外の切り札を持つ必要があったのだ。

　そこで、ごく小型の潜水艇を持って敵の予想航路上に潜伏し、敵艦に魚雷を撃ち込んで逃げ、主力が戦う前に敵に損耗を強いるという戦法が有効と考えられ、そのための小型の潜水艇「特殊潜航艇」の開発が始まる。

この計画によって開発されたのが甲標的である。

名称に標的とあるのは奇襲前提の秘密兵器であり、その性質上、存在を秘匿せねばならず、訓練用の標的という名目で開発されたためで、本当に標的を開発していると思った外部の部署から「爆撃訓練をやるから標的を貸してくれ」と頼まれたこともあったという。

しかし、実際に完成した甲標的には、数々の欠陥があった。

甲標的は運動性が極端に悪く、全長23・9メートルの小型艇であるにも関わらず旋回圏450メートルと大型艦並みの大回りをしなければ回頭できなかった。これは舵が小さくスクリューの前に付いていたためで、のちに改良されるが、それでも旋回圏は300メートル以上だった。

小型で潜望鏡も短いため、波の高い外洋では潜望鏡深度で潜伏できず、船体が飛び出してしまい、敵に発見される恐れがあった。

船体が小型すぎて高性能なソナーが積めず、周囲の様子を探るすべが潜望鏡しかなかった。のちに簡易なソナーが搭載されるも、音源の方向が左右どちらかくらいしかわからな

甲標的

性能諸元【全長】23.9m【全幅】1.8m【排水量】46000kg【武装】45cm魚雷発射管×２（航行中の再装填不可能のため搭載魚雷は２本）

い代物だった。

そのほかにも、２本搭載していた魚雷が船体に対して大きく、発射の衝撃で狙いが狂う、発射時のひどい揺動のせいで連続発射ができない、航行速度が遅い、生命維持に関する装備が貧弱で長時間搭乗できないなど、山のように問題を抱えた兵器だった。

これでは当初想定された外洋での奇襲など到底できない。そこで使用目的を切り替え、波の静かな港湾に停泊している敵艦を攻撃する兵器として使用されることとなった。そして、その作戦こそ、真珠湾攻撃である。

しかし、甲標的が活躍したかは微妙なところである。母艦となる潜水艦から発進し

製造途中で破棄された甲標的丁型「蛟龍」。甲標的は終戦間際まで製造された。

た五隻の甲標的は、ほとんど戦果を挙げることができず全艇未帰還。戦時中は大本営発表によって〝戦艦アリゾナ撃沈〟とされたこともあったが、現在では甲標的の戦果は不明とされている。ちなみにこのとき、現在位置がわからなくなって座礁した甲標的の乗組員酒巻和男少尉が、太平洋戦争初の捕虜となっている。

戦果も不明、乗組員全滅、そもそも魚雷を装備した潜水艦から魚雷を装備した潜水艇を発進させる意味はあるのかなど、海軍内でも甲標的に対する不信感は相当あったようである。

それでも改良すれば使えると判断された甲標的は細部の改良を受けて、今度は3

隻の甲標的が母艦及び偵察機母艦とともにオーストラリアのシドニー湾攻撃に使われる。

シドニー湾でも攻撃前に発見されたり、魚雷が命中しなかったりと苦戦を強いられたことが連合国軍側の資料からわかっている。この時の甲標的の戦果は宿泊艦クッタブル撃沈、潜水艦Ｋ９損傷というもので、それに対して甲標的はまたしても全艇未帰還であった。

そのほか東南アジアからマダガスカルまで、各地で甲標的による攻撃が行われている。安価な割に攻撃が成功すれば戦艦にでも大打撃を与えられる甲標的は奇襲作戦に多用されたが、欠陥も多く、完成された兵器とはいえなかった。

もはや大日本帝国の命運は風前の灯火となった昭和20（1945）年の春、戦闘機乗りに憧れて予科練に入った少年たちは鬱屈した日々を過ごしていた。お国のために命を捧げようとやってきた少年たちだが、当時の日本には、もはや彼らを乗せて訓練をやる飛行機すらも残っていなかった。昭和20年5月、少年たちが集められ「特攻兵を募集する。希望者は前に出ろ」と告げられた。

戦前から海産物や工事のために潜水をする「潜水具」は存在した。これを特攻兵器として転用し、日本に上陸しようとする敵の上陸用舟艇の船底を竿の先に取り付けた爆雷でついて自爆しようという、常軌を逸した作戦が進行していたのである。

少年兵達は全員が志願したものの、並外れた心肺機能と体力、判断力が必要で、岡崎の

伏龍

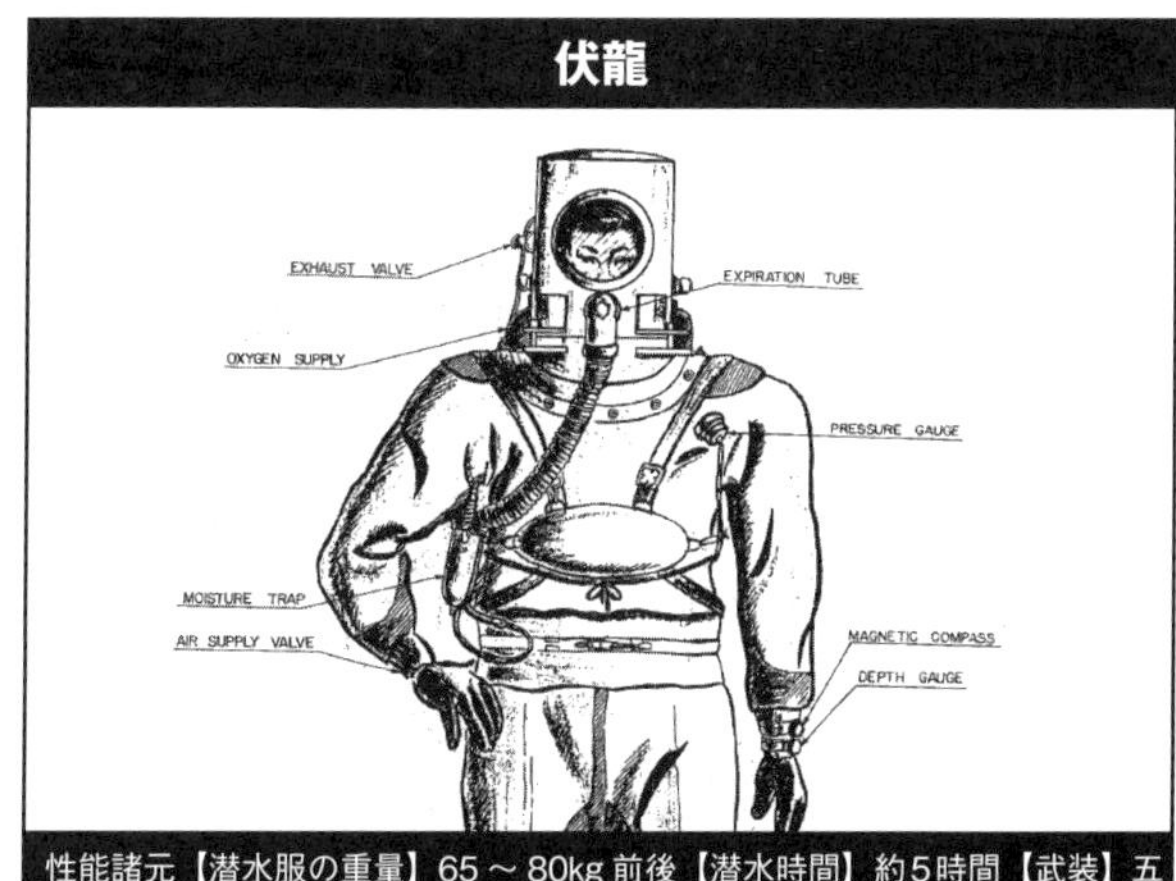

性能諸元【潜水服の重量】65～80kg前後【潜水時間】約5時間【武装】五式撃雷（棒機雷）×1

予科練では志願者240人中7人しか選ばれなかったという。当時はお国のために散るのが潔く、カッコいいことだと信じられており、少年たちは覚悟を持って訓練場へと向かった。しかし、この作戦に使われる潜水具は、少年たちの気持ちに到底応えられるようなものではなかった。

当時の潜水具は海上の船からポンプで海中の潜水服へ空気を送り込むものが多く、これには長時間水中にとどまれる利点があった。しかし、敵がまさに上陸しようとしている目前で、小舟に乗って海中の特攻兵に空気を送っている場合ではない。現在のアクアラングのようなボンベを背負って水中に潜む方法もあるが、潜水時間が短くなるし、噴出した気泡が海面で泡立ち位置を暴露してしまうので、奇襲攻撃がすべてのこの作戦には使えないのである。

そこで、新たにこの作戦のために専用の潜水具が開発されることになる。この潜水具を装備した兵士、もしくは作戦全体を人間機雷「伏龍」と呼ぶ。伏龍の潜水器具は、海底を歩いて移動できること、

伏龍

気泡を排出しないこと、長時間海底にとどまれること、生産に資源や手間をあまり使わないことが重要とされた。海底を歩く方法だが、これは単純に重りを仕込んだ履物を履くことで解決した。伏龍は全身をゴム製のスーツで覆い、ヘルメットをかぶる。この中に空気を送り込む装置は右記の事情で伏龍独特なものとなった。

伏龍の呼吸装置は循環方式を採用している。人間は酸素を吸い込んで、二酸化炭素を吐き出すが、吐き出す息は１００パーセント二酸化炭素になるわけではない。実際には吐き出す息は二酸化炭素の濃度が高いものの、酸素もまだ含まれている。つまり吐き出す息か

ら二酸化炭素を除去し、再び吸気用の空気として利用すれば、酸素ボンベの酸素の消費の無駄を抑えられ、なおかつ外部に気体を捨てないので気泡も発生しないのである。

伏龍は背中に酸素ボンベと二酸化炭素を吸収する清浄缶を持ち、腰の弁を操作して酸素をスーツ内に循環させ、鼻から吸い、口から吐いた息は清浄缶に送り込む。清浄缶の中には二酸化炭素を吸収する苛性ソーダが入っていて、ここで清浄化された空気が再びスーツ内に戻されるのである。

理屈の上では筋が通っているように見える。しかし実際にはこの清浄缶はひどい欠陥装置だった。苛性ソーダは反応性の強い物質であり、水と反応すると激しく沸騰し、爆発的に発泡する。これが入った壊れやすい安物の缶を背負い、水中に潜ったらどうなるのか。恐ろしいことに、高温の泡が爆発的にヘルメットに充満し、肺まで焼かれながら死ぬ少年兵が続出したのである。また溺死事故も多かった。

結局、伏龍は訓練中の事故が多く、一度も実戦に出ないまま終戦となった。水中は視界が悪く、竿付き爆雷も長すぎては振り回せず、短くては届かず、敵の準備砲撃一発で全滅してしまうはずで、実際には何もできなかっただろうと考えられている。伏龍は机上の空論で作られた欠陥作戦であり、その代価は未来ある若い兵士の命で払われることとなった。

【爆薬を積んで敵艦に体当たり】
特攻ボート「震洋（しんよう）」と「マルレ」

大日本帝国陸海軍

特攻兵器はその性質上、まともな兵器を生産する余力もないほど消耗した頃に、戦局の大逆転を狙って無理やりひねり出されるものである。昭和19（1944）年の夏、陸軍と海軍は同じような戦術をとる2つの特攻兵器をそれぞれ開発していた。

モーターボートに爆薬を積み込み、敵艦に向けて体当たりを行う特攻ボートである。海軍のものを「震洋」、陸軍のものを「四式肉薄攻撃艇（よんしきにくはくこうげきてい）」、秘匿名称を〝連絡艇〟とされ、○にレで「マルレ」と呼ばれることが多かった。

震洋もマルレも船体自体は簡素なモーターボートであり、製造に必要な物資も節約しなければならず、そのため船体はベニヤ板、エンジンは自動車用の物を流用している。このため民間の小さな造船所や工場でも製造することができた。モーターボートとしてはそこ

震洋

性能諸元〈震洋１型〉【全長】5.1m【全幅】1.67m【武装】250kg 爆雷　噴進弾（ロケット弾）×２　〈マルレ〉【全長】5.6m【全幅】1.8m【武装】250kg 爆雷

そこの性能があったが、いかんせんベニヤ板で急増された兵器であり、訓練中に浸水して沈没する船もあったという。

震洋もマルレも敵艦に夜襲をかけて体当たりをして自爆する兵器だが、有人ミサイルである桜花や小型潜水艇である回天と異なり、海上に丸見えの状態で敵艦に突っ込んでいく。軍用艦艇にはこういった肉薄攻撃に対処するため、防御用の重機関銃が装備されているのが普通である。そのため震洋には敵の機関銃座を攻撃するための機銃が装備され、敵の防御火器を潰してから突撃することになっていた。

震洋とマルレでは目的は同じでも仕様が異なり、震洋は最初から特攻を目的に開発

陸軍が運用した「マルレ」

されており、内部に爆薬を収めるスペースが用意されていた。一方のマルレはもともと肉薄奇襲攻撃用のボートとして企図され、のちに特攻兵器になったという経緯があり、このためマルレは内部に爆薬を収めるスペースがなく、船体後部に爆雷を取り付ける構造となっている。

震洋もマルレも、構造が極めて簡素だったことから大量に生産され、両艇合わせれば1万隻に迫る数が作られた模様である。

当然、それに見合う数の搭乗員も必要であり、予科練の生徒や学徒兵、飛行機不足から余剰の搭乗員などが集められた。生存者の中には「志願もしていないのに志願したことにされ、訓練所に連れて行かれた」といった証

フィリピンのリンガエン湾のビーチに漂着した震洋

言をする人もいる。マルレの訓練所は広島の江田島にあり、そこに集められた若者に猛訓練をし、日本国内やフィリピン、台湾に配備されていった。

震洋の訓練は鹿児島と長崎で行われ、やはりフィリピンや台湾、沖縄などに配備されることとなる。マルレも震洋もその存在は絶対に秘密であり、特攻隊に選ばれた若者には一時帰郷が許されたが、家族の誰にも特攻や特攻ボートのことを話すことが禁止され、今生の別れの挨拶もできなかったという。

そのような震洋、マルレだが、特攻兵器の常というべきか、大量の戦死者の数の割に、戦果は今ひとつだった。外洋を航行できない小型ボートは輸送船に積んで運ぶのだが、搭乗員もろとも敵潜水艦に撃沈されるケースが多発した。外地では連合軍が優勢であり、出撃もできないうちに地上戦が始まり、攻撃どころではなくなったケースもある。出撃すると全滅する場合が多く、どこまでが特攻ボートの戦果で、震洋かマルレか不明なケースもあり正確な数字は不明だが、おそらく十数隻に損害を与え、いくつかは撃沈している。

江田島から外地に派遣された隊員からは１６３６名もの死者が出ている。日本国内に配備された震洋、マルレは無傷で温存されたものも多いが、江田島の訓練生は広島への原爆投下時に救助活動に従事、ここで被爆した人もいたようである。

高知県の震洋隊基地では、どういうわけか戦闘停止が命令された後の昭和20年8月16日に出撃命令が下され、出撃準備中に爆発事故が起き、１１１名が事故死するという痛ましい惨事が起きている。

【国土防衛の切り札】
ロケット戦闘機「秋水（しゅうすい）」

大日本帝国陸海軍

ドイツでは戦前から、飛行機の動力源としてロケットエンジンを使う実験が行われていた。ロケットエンジンは燃焼ガスを猛烈に噴射してその反作用で推進するエンジンで、燃料は大きく分けて固体ロケット燃料と液体ロケット燃料の2つがあった。固体燃料は酸化剤と燃料を固めたもので、いわば大きなロケット花火である。点火すれば火を吹いて飛ぶので構造は単純だが、一度燃え出すとコントロールするのが難しいという欠点がある。

一方の液体燃料は別々のタンクに積んだ酸化剤と燃料を、適宜ポンプで燃焼室に送り込んで燃焼させる。このため燃焼を細かくコントロールできる代わりに、構造を精密かつ頑丈にせねばならず、開発が難しいという欠点があった。

それでも研究する価値があったのは推進力がレシプロ戦闘機とは比較にならないからで、

ナチスドイツが完成させたロケット戦闘機、メッサーシュミットMe163〝コメート〟は時速1000キロも出せたという。アメリカの高速戦闘機P‐51Dムスタングの最高時速が700キロほどであることを考えれば、徒歩の人とF1マシンほどの速度差があったことになる。

その驚異の新兵器コメートの噂を聞きつけた日本軍の将校がドイツと交渉、戦争の終盤に当たる昭和19（1944）年にその設計図や技術資料を日本に持ち帰ることを計画するも、輸送を担った潜水艦が撃沈されるなどのトラブルもあり、結局日本に届いたのは不完全な資料の一部だけだった。

メッサーシュミットMe163〝コメート〟

しかし、アメリカ軍による爆撃の脅威が差し迫る中、日本軍としてはどうしてもロケット戦闘機が必要だった。高高度を飛行する爆撃機を迎撃するには一直線に上空1万メートルにまで上昇できる性能が必要で、それにはロケット機の強力な推進力が最適だったのだ。

秋水

性能諸元【全長】6.05m【全幅】9.5m【全備重量】3000kg【最高速度】800km/h【燃焼時間】2分5秒

また、もともと自前の酸化剤を積んでいるロケット機なら、レシプロ機のように上空の薄い酸素によって馬力が低下する心配もなかった。

日本軍は資料をもとに陸海軍共同でロケット機を開発することとし、海軍名「J8M1」、陸軍名「キ200」、両軍とも通称を「秋水」とした。開発は急速に進み、まず操縦の練習用に「秋草」というグライダーが完成した。これは二式中間練習機に牽引されて飛ぶ無動力の機体で、形状は秋水と同じ無尾翼機である。重さや重心など、エンジンや燃料を積んだ機体と操縦感覚を同じにするため、内部には水を入れるタンクが積まれていた。

別角度から写した「秋水」

秋水の機体も順調に製作が進み、昭和20年始めにはほぼ出来上がっていた。

問題はエンジンである。コメートに積まれていたヴァルターロケット509Aエンジンの日本版「特呂2号」の開発は難航し、なんとか試作品ができ上がったのは昭和20年の6月だった。完成した特呂2号を機体に搭載し、秋水試作1号機が出来上がった。

秋水（海軍型J8M1）の飛行試験は昭和20年7月に行われた。だが、その結果は悲惨なものだった。離陸直後は安定して見えた秋水だが、上空400メートルほどのところでエンジンが突如停止、燃料を投棄しつつ着陸の体勢に入るも低空を旋回中に建物に引っかかり墜落、テストパイロットは死亡した。

結局、秋水はこのエンジントラブルの原因究明と改良に時間を取られている間に終戦となり、陸軍型キ200はエンジンに火が入ることもなかった。

ちなみにドイツのコメートは実戦に配備されたものの、その燃料の有毒性と不安定性からくる爆発、死傷事故の続出、速すぎる機体故に攻撃が敵に当たらない、航続距離が短すぎる、高温の排気に耐える特別な滑走路が必要、など、兵器としては問題だらけで、結局ほとんど役に立っていない。

その意味で（現代の目から論評するのは酷ではあるが）、死者まで出した秋水の開発に本当に意味があったのか、疑問が残ると言わざるを得ない。

「酸素魚雷」（56ページ）でも触れたように、魚雷は強力な対艦兵器として進化してきた。単純な破壊力だけなら、日本軍の酸素魚雷は当時もっとも強力な魚雷のひとつだったに違いない。しかし、魚雷には本質的な欠点があった。

それは艦砲より射程が短く、移動速度も砲弾と比べるべくもないほど遅いことである。このため、遠距離攻撃での命中弾を望むなら、魚雷が到達した時点での敵の未来位置を予測して、そこに向けて複数の魚雷を一斉発射しなければならない。下手な鉄砲も数撃てば当たるという戦術だ。あるいは正確に命中させるために目標に接近せねばならず、結局、酸素魚雷の長射程はあまり生かせなかった。

ドイツではこの魚雷の欠点を克服するため、敵艦の出す騒音を聞きつけて、その音の

回天

性能諸元【全長】14.75m【全幅】1m【最大速度】30kt【炸薬量】1550kg【乗員】１名［©J JMesserly］

方に舵を切って敵を追尾する「音響誘導魚雷」が実用化していた。これならば遠距離からでも一発必中の魚雷を発射することができる。もっとも、当時の音響誘導魚雷は技術が未成熟で、自分の出す騒音に惑わされたり、対抗兵器である騒音発生機に狙いを狂わされたりしたようだ。

当初酸素魚雷の長大な射程と大破壊力に自信を持っていた日本軍だが、実際に戦争が始まると予想していた艦隊決戦は起こらず、酸素魚雷は思っていたほどの効果を挙げていなかった。やがて日本が負け始めた昭和19（１９４４）年、長射程ながら直進しかできず、なかなか敵艦に命中しない酸素魚雷に誘導装置の代わりとなるものを乗

軽巡洋艦「北上」に搭載された回天

せるという案が出され、実行される。

　当時のどんな精密機械よりも高性能な誘導装置である生きた人間を乗せた「人間魚雷」である。この兵器は「回天」と命名された。これには「天下が回るがごとく時勢がひっくり返る」という意味がある。もともとは幕末の軍艦「回天丸」から命名されたという。

　これは特攻機「桜花（２１７ページ）」と同様であるが、小型コンピューターや高性能テレビカメラ、センサーなどない時代、人権さえ無視できれば人間は世界最高の精密誘導装置だった。のちに回天の正体を知ったアメリカ軍は回天を精密誘導可能な高性能魚雷として非常に恐れることになる。もっとも、潜水艇、乗り物としてみた場合の回天は、非人道性云々以

回天の発進試験（第二次第三回）

前に極めて低性能な代物だった。

そもそも回天の原型となった九三式酸素魚雷は誘導兵器ではないため、大きく転舵して回頭するような運動性はなく、ジャイロの指示により直進できるよう多少の進行方向の変更ができる程度だった。そのためサメのように敵艦に食らいつくなどということはできず、母艦に搭載されて敵泊地近海に進出、泊地に侵入し停泊している敵艦の位置を潜望鏡で確認、潜望鏡を下ろしその方向に向かって直進するというのが回天の戦法だった。

この戦法は昭和19年11月、初の泊地攻撃であるウルシー環礁攻撃で成功し、敵輸送艦の撃沈に成功している。

しかし、この成功が却ってアメリカ軍の警

戦艦インディアナポリス

戒を厳重にさせ、以後泊地攻撃が難しくなってしまった。そのため海上を航行中の敵艦を狙う作戦が行われることになるのだが、結局、目測と計算を頼りに、敵の未来位置を予測して突っ込むという戦法になってしまった。外れてもやり直しができるとはいえ、これでは普通に魚雷を発射するのと大差ない。そもそも運動性不足のため波の高い外洋では回天を敵艦にぶつけるのは困難で、外洋において実質撃沈できたのは1隻だけだったようだ。そのほかに「機関が故障し酸素が燃焼されず、発進用空気だけで走行して途中で立ち往生してしまう」「潜望鏡の性能が低い」という欠陥もあり、兵器として不完全な代物だった。

日本海軍最後の大戦果といわれる戦艦インディアナポリス撃沈は、回天の母艦のひとつだった潜水艦伊58によるものだったが、艦長の橋本少佐（当時）は「夜間で暗く、回天では命中が期待できないので通常の魚雷でやる」と判断し、撃沈に成功している。

【得るものなき人間爆弾】

特殊滑空機「桜花（おうか）」

大日本帝国海軍

現在、敵の艦船を攻撃するのに使うのはハープーンやエグゾセといった対艦ミサイルが主流である。これらはレーダーでロックオンされた目標に自動で飛んでいき、命中、破壊する。

エレクトロニクスが進んだ冷戦期以降はこれら無人の誘導兵器が主流となっていくのだが、当然、第二次大戦時には兵器に搭載できるレベルの小型コンピューターなどなかった。そのため誘導兵器といっても、ドイツのフリッツX誘導爆弾のように人間がラジコン操作をしたり、ケ号爆弾（21ページ）のように原始的な赤外線誘導装置が付いているものなどがせいぜいだった。

普通に考えれば現代の対艦ミサイルのような兵器は当時の日本では到底作れなかったわ

けだが、敗退を繰り返し、追い詰められていた日本軍は、無理にでも「正確に敵艦に爆弾を誘導する装置」が必要だと考えた。

もともとは昭和19（1944）年、現場の将校が「人間が操縦する飛行爆弾」を提唱したのが始まりとされる。人間をミサイルの誘導装置に使うというのはあまりに非道すぎるが、この案が受理されて開発がスタートしてしまい、特別攻撃機「桜花」となる。

桜花（桜花11型）は全長6メートルほどの小型の機体で、機首に1200キロ爆弾を搭載した体当たり自爆兵器である。一式陸上攻撃機を母機として空中発射される。そのため一度飛び立つと二度と着陸はできない。

味方を一人殺すのだからせめて戦果を挙げる確率を高めようと、爆弾を爆発させる信管は複数取り付けられ、どの角度で突入しても爆発するようにし、敵護衛機に追われても逃げ切れるように増速用の固体ロケットが3基取り付けられた。固体ロケットは単なるロケット花火のようなもので、一度点火するとコントロールできないので必要に応じて3基を順番に点火していく構造だった。運動性もなるべく良いようにし、操縦訓練も行われた。

悲しいことというべきか、飛行機としては悪くない乗り心地だったようである。

自分たちで殺す決断をしておいて、「そうか死んでくれるか」とやけに誠実に死出の準

桜花

性能諸元【全長】6.07m【全幅】5.12m【全備重量】2140kg【最高速度】648km/h【航続距離】37km

備をするのは日本人のメンタリティの暗黒の部分という気はする。ともかく、桜花11型は実戦配備可能な状態となった。

しかし、その初出撃は、まったく悲惨なものだった。九州沖に展開するアメリカ軍艦隊に対し、桜花を搭載した一式陸上攻撃機16機（他に一式陸攻2機、護衛戦闘機30機）が出撃、しかし、桜花の射程に入る前に敵の戦闘機隊と遭遇、なんと1機も発進できないうちにわずか十数分ほどで全滅してしまった。これは鈍足だった一式陸攻に重い桜花を搭載したせいで回避もままならなかったためで、以降、桜花は散発的にしか用いられなくなる。

アメリカ軍はこの奇妙な兵器に呆れ、桜

鹵獲され、米兵により弾頭の取り外しを受ける「桜花」

花のコードネームを「BAKA BOMB（バカ爆弾）」と命名している。もっとも人道上のことを考えなければ、巨大な弾頭を積んだ精密誘導可能な対艦ミサイルであり、兵器としては脅威とみなしていたようである。

桜花はその最大の弱点ともいえる「航続距離が短すぎて母機が敵に接近せねばならず、迎撃されやすい」という欠点を克服するため、ジェットエンジンを搭載し新型爆撃機から発進する桜花33型、地上の基地からカタパルト（発進用の加速装置）で発進する43型などが計画、試作されていたが、結局、実戦に使われたのは11型だけだった。

桜花11型は一度敵に襲われると、7人乗りの母機の一式陸攻もろともやられるため、一気に搭乗員を失い人材の浪費はひどかった。また、敵艦隊の外周部辺りで敵の戦闘機に遭遇してしまうので、必死必中の勇ましい掛け声とは裏腹に、正規空母や大型戦艦に攻撃を仕掛けるチャンスはほとんどなかったようである。

【日本軍の断末魔】

特攻機「キ115甲〝剣（つるぎ）〟」

大日本帝国陸軍

戦争も末期となると、日本軍は追い詰められ、ベテラン搭乗員は減少し、新しい兵器を作るための資源も底をつきかけていた。

立場の弱い者に忖度させて自己犠牲を暗に強要するというのは、現代まで続く日本社会の闇であるが、それが最悪の形で噴き出したものの1つが特攻兵器であろう。海軍に特殊攻撃機「桜花」（217ページ）があるように、陸軍も体当たり自殺攻撃専用の機体の開発に乗り出す。陸軍も通常の戦闘機を特攻作戦に使用していたが、1回こっきりで使い捨てにする特攻作戦に通常の戦闘機を使うのは、もはやまともに資源も準備できない日本の状況を考えれば、あまりにも無駄が多かった。

また、搭乗員も使い捨てにするようなものであり、それを考えると促成させた新米でも

正面から見たキ115「剣」

そこそこ飛べる操作が単純な飛行機が必要だった。

　中島飛行機に試作指示が出たのは昭和20（1945）年の初めで、たったのひと月半後にはもう試作1号機が完成していた。とにかく希少な材料は使わないようにし、町工場でも作れるように構造もできるだけ簡素にした。たとえば飛行機には軽い軽金属が使われるのが普通であるが、アルミも不足していたため薄い鋼板で胴体部分を作り、尾翼は木製、主翼だけが軽金属製だった。胴体底部が大きく窪んでおり、800キロ爆弾も懸架できた。エンジンは余っていたハ115である。

　着陸脚は緩衝装置もないただの桁構造のフレームで、一度飛び立つと二度と使わないため離陸すると外れるようになっていた。だが、この簡素な着陸脚は地面の凹凸を吸収しないため、実際に滑走すると地面の凹凸を拾って跳ね、離陸は事故と隣り合わせだった（着陸脚を

特攻機キ115「剣」

性能諸元【全長】8.55m【全幅】8.572m【全備重量】2630kg【最大速度】550km/h【武装】250～800kg爆弾×1

改良したタイプもあったようだ）。

開発者の証言によれば、キ115は元はあくまで簡易構造の低コスト爆撃機として考えられており、目標攻撃後は「胴体着陸してエンジンと搭乗員は回収する」という計画ではあったという。しかし、爆撃照準器もない機体で投下した爆弾を目標に当てるのは甚だ困難で、実際には特攻に使われるのは誰の目にも明らかであった。キ115の海軍型はその名称を「藤花（とうか）」というが、名前に特攻機を表す「花」の文字が入っている。

ロケット機の桜花と違い、レシプロ機のキ115は母機が不要で飛行場から飛び立てるため、運用に桜花ほどの手間はかからなかった。一方で速度は最大で時速550キロほどとされており、これは戦闘機の速度が600キロ台が普通になっていた戦争末期では、敵に見つかれば即座に撃墜されてしまうことを意味した。

しかし、そんなことを心配する必要はなかった。

たった1ヶ月半で設計製造し、雑多な素材で作り上げたキ115〝剣〟の試作機は昭和20年3月に試験を開始。その性能はまったくひどいもので、離着陸は難しく、安定性は悪く、操縦もしにくかった。そもそもまともな飛行機なら1ヶ月半で設計から製造までが終わるわけがない。設計に必要な試験をすべてとばしているのは明らかだった。試験飛行を担当した審査部の結論は「熟練者でないと乗りこなせない」「実用は困難」というものであった。わざわざ熟練搭乗員を使い捨てるわけにはいかず、この判断は適切という他ない。

しかし、一方で陸軍の勇み足か、それとも戦況への焦りなのか、試験の結果も待たずに大量生産の命令が出ており、まともに飛ぶことすら難しいこの飛行機が、終戦までに100機以上も生産されてしまっていたという。

無意味に大量生産されてしまったキ115だが、結局実戦に出ることはなかったといわれている。

終戦時に米軍の接収を受けた「剣」

終戦までに100機以上も生産されたが出撃の機会はなかった。

【ナチスの怪兵器、日本で復活？】

特攻ミサイル「梅花（ばいか）」

大日本帝国海軍

〝それ〟がロンドンを襲い始めたとき、ロンドン市民はその兵器が発する異様な雑音に恐れ慄（おのの）き「バズ・ボム（騒音爆弾）」と呼んだ。ナチスの秘密兵器、飛行爆弾「V1」である。

V1は現代の巡航ミサイルに相当する兵器で、一度目標の方角をセットされるとその方向に飛行し、最初に入力された距離を飛行したら自動的にエンジンが停止、落下して爆発するというおそるべき新兵器である。このV1に使われたのは「パルスジェットエンジン」という原始的なジェットエンジンだった。

ジェットエンジンというのは通常、吸入した空気を圧縮し、そこに燃料を混ぜて点火、高圧の排気ガスを噴出してその反作用で推力を発生させる。しかし、パルスジェットエンジンには吸入した空気の圧縮機はなく、吸入口に開閉式の扉がついており、吸入口から

特攻機「梅花」

性能諸元【全長】7m【全幅】6.6m【全備重量】1430kg【最高速度】556km/h【武装】機首に100～250kg爆弾

入ってきた空気に燃料を混ぜて点火、同時に開閉扉が閉じ、膨張した排気ガスが後方の排気口から噴出して推力を得る。

原理上、爆発と排気を繰り返すため推力の発生が連続しておらず、効率が悪く速度も大して出ないが、構造がレシプロエンジンより単純で、使い捨ての兵器にも採用することができる。脈動するように排気を出すことからパルス（脈動）ジェットエンジンと呼ばれているのだ。またパルスジェットエンジンには、低品質の燃料でも構わないという利点があった。

ナチスもすでに敗北していた昭和20（1945）年7月、東大航空研究所ではジェットエンジンの研究が行われていた。

ナチス・ドイツのＶ１飛行爆弾（右上は有人型のＶ１飛行爆弾）

そして、それを搭載した飛行爆弾の開発と、その誘導装置に生きた人間を使う案、すなわち特攻機の試作案が軍に提案される。当時の日本にはすでにまともな飛行機を作る余力はなく、エンジンは簡易なパルスジェット、燃料は松の根から取れる松根油（１７３ページ）しかなかったのである。

実際のところ、ナチスドイツでもＶ１飛行爆弾を有人化し、目標直前まで誘導後に搭乗員は飛び降りて脱出するという案が検討されたことがある。コンピューターもセンサーもＧＰＳもない当時、Ｖ１の誘導装置は精度が悪く、目標からはるかに外れた場所に着弾したり、迎撃に出たイギリス軍の戦闘機に翼で突かれるだけで簡単に撃墜されたりしていた。

しかし、いくらナチスドイツの軍人でも「人間を誘導装置に使うのは非人道的すぎる」としてこの案を拒絶、有人Ｖ１が実戦に使われることはなかった。

この点で日本軍の人権意識はなんともお粗末にすぎるといえるが、ともかく、他に米軍に対抗する手段もなかった日本軍はこの東大航空研の案に飛びつき、特攻機「梅花」として開発が本格的にスタートする。

梅花の外見はＶ１に似ていて、いわば爆弾に翼をつけて、機体上部にパルスジェットエンジンを背負わせたものである。Ｖ１と異なるのは操縦席があることで、ここに搭乗員が乗り込み、目標に狙いをつけて突入するのである。一度飛び立つと二度と着陸することはないため、離陸後、着陸脚は投棄する予定であったという。

しかしながらこの梅花、結局完成することはなかった。計画スタートの時点で終戦目前であり、仕様が確定する頃には終戦となってしまったからだ。エンジンもまだ実験中の段階で、機体に至っては試作機の製作に着手すらされていなかった。

もっとも、完成していたとしても、はたしてどれほどの効果があっただろうか。他の特攻機の例を見るに、劇的な戦果があるとは到底考えられず、未完に終わったのはむしろ幸運といえるのかもしれない。

竹はアジアを中心に分布するイネ科タケ亜科に属する植物で、植物としては草の仲間ということになる。日本でよく利用される孟宗竹や真竹は10メートルを超えるほど長くなり、成長も早く顔を出したばかりのタケノコも、翌日には1メートルほどに伸びていることもある。性質も強健で地下茎を縦横に伸ばしてすぐに増える。堅牢な繊維が束になった構造でできているため、硬さがあると同時に柔軟で、木材にはないしなりを持つ。

その頑丈さ、入手し易さは道具作りや建材に最適で、乾燥させる、燻すなどの工程を経ることで、籠（かご）やほうきなどの生活道具から弓矢のような武器まで、幅広く利用されてきた。

中でもその作り易さから、昔から使われてきた武器が「竹槍」である。竹槍は、手で握れるくらいの太さの竹を適当な長さに切り、先端を斜めにカットしただけの、極めて容易

竹槍

性能諸元【全長】1.5～2m

に生産できる武器である。

　漫画などで百姓一揆が描かれる場合、竹槍を装備している様子が描かれることが多い。竹槍は農村部であれば材料が簡単に豊富に取れること、農作業に使う道具で簡単に加工できること、入手が容易なわりに戦闘で敵を突いた際の威力が大きいことなど、武器としての利点が意外と多いため、戦国時代以前から、明治大正の頃にも民衆の武器として使われてきた。

　維新後の軍隊の装備としては、補助的な兵器として使われていたようで、輜重連隊（補給を行う部隊）の自衛用武器として竹槍が分配されたという記録があり、敵の戦闘部隊と本格的な戦闘を行う可能性の低い部隊の場合、竹槍の配備で済ませていた模様である。

竹槍訓練のマニュアルによると、一般用の竹槍が1・7メートルから2メートル、少年用が1・5メートルと定められており、これは戦国時代に使われていた本物の槍と比べると半分程度の長さしかない。これは竹槍には打ち下ろして敵兵を叩くような使い方が存在せず、あくまで刺突して攻撃することのみを念頭に置いているからである。先端を弱火で炙って植物性油を塗ると硬くなって良いとも書かれている。

陸軍は竹槍を「日本精神」の象徴のように捉えており、銃後にあっても撃ちてし止まんと、一般市民に竹槍での刺突訓練を行っていたのは有名な話である。もっとも、いざ本土決戦となれば、みっちり戦闘訓練を受け、M1カービンライフルを抱えた米兵が、竹槍を抱えた老人や主婦、子供が走ってくるのを棒立ちで見ているはずもなく、戦術的にはほとんど何の意味もないことは明らかである。

このことは当時の人もわかっており、1944年、海軍省出入りの毎日新聞の記者が「竹槍では間に合わぬ　飛行機だ海洋戦闘機だ」という見出しで陸軍を暗に批判する記事を書いて時の首相（兼陸軍大臣）東条英機を激怒させ、新聞発禁、記者の懲罰召集に発展するという「竹槍事件」が発生している。

終戦間際に苛烈な戦闘が行われた、沖縄県の伊江島。上陸する連合国軍相手に守備隊や島民たちは竹槍で対抗したが、約5000人もの犠牲者を出した。

この事件の根幹には海軍と陸軍の対立があり、押し寄せる連合国軍を食い止めるには海軍航空部隊の増強が欠かせない、と新聞に書かせたかった海軍省の意向が、本来負け戦は記事にならない当時の情報統制の中でこの記事を新聞に載せさせたようである。いずれにせよ当時の感覚としても竹槍訓練は精神論に過ぎず、爆撃機とライフルで武装した敵に対し、戦術的にはほとんど無意味なことはわかっていた模様である。

余談だが、戦争初期に大敗を喫したイギリスでは、ドイツ軍上陸に備えて鉄パイプで作った槍「ホームガードパイク」を多数生産して備えていた。無意味とわかっていても、少しでも武器が欲しいという心理は人類共通のもののようである。

おわりに

奮闘虚しく、太平洋戦争で日本は敗れた。

もともと日本の持つ国力から考えて、勝利するのはかなり難しい戦争であったし、軍隊内で横行する重傷者が出るほどの私的制裁、精神主義、人権無視、上層部の楽観論と現場の犠牲への無理解は余計な犠牲をさらに増やした。

戦前には東アジアに広く持っていた大日本帝国の支配地域は一気に縮小した。例えば戦前には、日本一高い山は富士山ではなく台湾の新高山（現在の玉山）であった。このように日中戦争から太平洋戦争にかけての辛苦の時代は、結局のところ日本に何ももたらさなかった。もっとも、戦後導入されたアメリカ式の人権意識と民主主義のおかげでめちゃくちゃな貧富の格差は是正され、極貧の小作農が解放されるなど現代社会の原型ができたともいえる。

日本軍はどうなっただろうか。

日本軍は占領軍によって完全に解体され、戦後しばらくの間、旧日本軍の飛行場や港湾は占領軍の基地のような状態であった。やがて日本が戦後冷戦期において西側につくと、日本の防衛のために警察予備隊、のちの自衛隊が発足する。発足当時の自衛隊は装備もアメリカの兵器を導入して使っていた。戦車などはアメリカ製のM4シャーマンなどが導入されたが、大柄なアメリカ人向けに作られた戦車は小柄な日本人には扱いにくかったようで、やがて国産の61式戦車に変わっていく。飛行機に関しては、GHQがその研究開発を禁止したため、日本の飛行機開発能力は他の先進国に後れをとることになる。戦後は一貫して日本の主力戦闘機はアメリカ製である。

艦船については、造船は日本のお家芸でもあり、潜水艦や護衛艦も初期にはアメリカ製だったが、海上の航路は貿易立国日本の生命線でもあるのでやがて国産に置き換えられ、現在では通常動力型潜水艦において世界でも最高の技術を持つ国の一つである。

戦時中に兵器開発に取り組んでいた技術者は仕事を失い、その技術を生かして民生品の開発を始めることになる。本書の中でも少し触れているが、日本がエレクトロニクス大国になれた原点には、戦時中にハイテク兵器開発に取り組んでいた技術者が存在するのである。また戦後日本初の旅客機ＹＳ-11や、新幹線0系の開発に、戦時中軍用機の開発に従事した技術者が関わっているのは有名である。

戦時中軍用機を生産していた中島飛行機は戦後軍用機の仕事を失い、代わりに民生用の機械の生産をはじめ現在のスバルとなる。飛行艇の名門であった川西航空機は作業機械で有名な新明和に、川崎や三菱についてはもはや説明するまでもないであろう。

戦争の時代はともすれば遠い過去のおとぎ話のように感じることもある。しかし、このように現代日本にも大きな影響を残しており、紛れもなく我々の住む現代と地続きの世界なのである。

■主要参考文献

［図書・雑誌］

野原茂『ドイツ空軍偵察機・輸送機・水上機・飛行艇・練習機・回転翼機・計画機　1930‐1945』（文林堂）
ウィリアム・グリーン著、北畠卓訳『ロケット戦闘機――「Me163」と「秋水」』（サンケイ新聞社出版局）
牧野光雄『飛行船の歴史と技術』（成山堂書店）
秋本実『日本飛行船物語』（光人社）
宮崎駿『飛行艇時代ミニチュアワークス』（大日本絵画）
宮崎駿『風立ちぬ』（大日本絵画）
近藤次郎『飛行機はなぜ飛ぶか―空気力学の眼より』（講談社）
『航空史シリーズ（2）軍用機時代の幕開け』（デルタ出版）
碇義朗『戦闘機「飛燕」技術開発の戦い』（光人社）
『別冊1億人の昭和史　日本航空史　日本の戦史別巻3』（毎日新聞社）
『別冊1億人の昭和史　日本陸軍史　日本の戦史別巻1』（毎日新聞社）
野原茂『［図解］世界の軍用機史5　日本海軍軍用機集』（グリーンアロー出版社）

野原茂『［図解］世界の軍用機史6　日本陸軍軍用機集』（グリーンアロー出版社）
『世界の傑作機23　陸軍5式戦闘機』（文林堂）
『世界の傑作機24　陸軍試作戦闘機』（文林堂）
『航空情報別冊　昭和の航空史』（酣燈社）
『航空ジャーナル　大空への挑戦3』（航空ジャーナル社）
『［図説］第一次世界大戦（下）1916-18　総力戦と新兵器』（学研）
デビッド・ミラー著、秋山信雄訳『世界の潜水艦』（学研）
「1／72甲標的甲型『シドニー』プラモデル付属解説書」（ファインモールド）
『日本の重戦車　150トン戦車に至る巨龍たちの足跡』（カマド）
イアン・V・フォッグ著、小野佐吉郎訳『大砲撃戦　野戦の主役、列強の火砲』（サンケイ新聞社出版局）
「グランドパワー　2010年5月号」（ガリレオ出版）
菅原完訳、斎木伸生、岩堂憲人、熊谷直監修、米陸軍省編『日本陸軍便覧　米陸軍省テクニカル・マニュアル1944』（光人社）
「歴史群像93　カンブレー1917」（学研）
「歴史群像44　トブルク攻防戦」（学研）
「歴史群像135　戦艦『金剛』の生涯」（学研）
木俣滋郎『戦車戦入門［日本編］』（光人社）
『J-Tank別冊「海軍設営隊の建設車輌」牽引車・押均機編』（J-Tank）

藤田昌雄『写真で見る海軍糧食史』（潮書房光人新社）
雑誌『丸』編集部『ハンディ判　日本海軍艦艇写真集　空母　赤城・加賀・鳳翔・龍驤』（光人社）
雑誌『丸』編集部『ハンディ判　日本海軍艦艇写真集　駆逐艦　初春型・白露型・朝潮型・陽炎型・夕雲型・島風』（光人社）
『歴史群像シリーズ　太平洋戦史スペシャル４決定版　日本の水雷戦隊』（学研）
陸軍省徴募課編『学校教練必携　術科之部　前篇』（帝国在郷軍人会本部）
「写真週報　第３４９号」（内閣情報部）

［ウェブサイト］
アメリカ議会図書館
国立公文書館　アジア歴史資料センター
島田市公式サイト「第二海軍技術廠牛尾実験所跡遺跡発掘調査報告書」
ほか多数のウェブサイトを参考にさせていただきました。

■ 著者紹介

横山雅司（よこやま・まさし）

ASIOS(超常現象の懐疑的調査のための会)のメンバーとしても活動しており、おもに UMA(未確認生物)を担当している。CGイラストの研究も続け、実験的な漫画「クリア」をニコニコ静画とPixivにほぼ毎週掲載、更新中。著書に『知られざる　日本軍戦闘機秘話』『本当にあった! 特殊飛行機大図鑑』『本当にあった! 特殊兵器大図鑑』『本当にあった! 特殊乗り物大図鑑』『憧れの「野生動物」飼育読本』『極限世界のいきものたち』『激突! 世界の名戦車ファイル』(いずれも小社刊)などがある。

本当にあった！
日本軍秘密兵器大図鑑

2020年6月11日 第1刷

著　者　横山雅司

発行人　山田有司

発行所　株式会社　彩図社
東京都豊島区南大塚 3-24-4
ＭＴビル　〒170-0005
TEL:03-5985-8213　FAX:03-5985-8224
https://www.saiz.co.jp
https://twitter.com/saiz_sha

印刷所　新灯印刷株式会社

　ISBN978-4-8013-0453-6 C0195